# 유비쿼터스 융복합 삶

## UBIQUITOUS CONVERGENCE LIFE

유비쿼터스란 어디에나 있는 이라는 뜻을 가지고 있다. 생활속 모든 사물에 칩을 집어넣어 어디에나 컴퓨터가 존재하고 이러한 컴퓨터를 사람들이 의식하지 않고 자연스럽게 사용하는 것이라고 요약할 수 있다. 우리사회를 유비쿼터스컴퓨팅, 스마트폰, 테블렛 컴퓨터 등으로 정보화 사회 막바지를 광속도로 장식하고 있는 이때 유비쿼터스 사회와 기술을 이해하기 위해 본서를 집필 하였다.

| 김행곤 지음 |

도서출판 그린

# PREFACE

미래학자 앨빈 토플러는 한국이 더 이상 정보화에 있어 벤치마킹할 모델이 없기 때문에 한국 스스로가 새로운 전략 모형을 구상해야 한다고 주장하였다. 실제로 우리나라는 이미 유비쿼터스 기술을 바탕으로 국가의 모든 자원을 지능화 및 네트워크화하여 국민들이 언제 어디서나 일상생활에 필요한 서비스를 활용할 수 있는 지능기반 사회 건설을 목표로 하고 있다.

유비쿼터스(Ubiquitous)는 라틴어에서 유래한 단어로 '도처에 널려 있다', '언제 어디서나 존재 한다'는 의미를 갖는다. 이는 정보통신기술의 한 형태를 표현하는 개념으로 유비쿼터스 컴퓨팅과 유비쿼터스 네트워킹, 보다 포괄적인 의미의 유비쿼터스 IT나 유비쿼터스 사회 등 다양한 용어들이 혼재되어 사용되고 있다. 최근에는 u-Learning, u-Government, u-City, u-Health, u-Shopping 등의 용어를 통해 각 분야에서 언제, 어디서나 사용자의 편의를 극대화하기 위한 유비쿼터스 컴퓨팅 환경을 접목하고 있음을 강조한다. 더불어 의사결정을 위한 정보와 지식에 언제, 어디서나 접근 가능한 환경에서는 사실적 지식 보다는 문제해결에 필요한 지식을 찾고, 조합하고 재창조하는 창의적 문제해결력에 초점을 맞춘 교육으로 변화해야 한다.

이와 같은 변화에 적응하기 위해 대학에서는 기존 IT 관련 교양과목을 모바일 스마트 및 유비쿼터스 교육으로 개편하여 지식을 습득하고 새로운 도전에 대응하고 있다. 따라서 본 저서에서는 일반 교양 과정에서 대학인이 갖추어야 할 최소한의 유비쿼터스 관련 기술 및 응용 분야를 이해하기 쉽게 수록했다. 본 저서의 내용은 유비쿼터스 기술 및 생활변화를 다양한 응용 분야에 따라 서술하고 있다. 제1장에서는 기본적인 유비쿼터스 개념과 배경을 논하고, 제2장에서는 가정에서의 유비쿼터스 생활의 변화를 서술하고, 제 3장에서는 모바일을 통한 유비쿼터스 생활을 다루고 있다. 제 4장에서는 유비쿼터스 기술과 자동차와의 접목을 논하고 제5장에서는 의료,교육 그리고 비즈니스에서의 유비쿼터스 세계를 소개하고 있다. 제6장에서는 정부와 도시에서 적용하는 유비쿼터스 기술을 적고 있다. 제 7장에서는 관련된 유비쿼터스 주요기술에 대해 논하고 있다. 제 8장에서는 스마트 워크를 다루며 마지막으로 9장에서는 유비쿼터스 사회학을 다루고 있다. 따라서 본 저서는 대학과 일반인들이 유비쿼터스와 융·복합 사회를 이해하는데 매우 유익한 교재라 확신한다.

마지막으로 본 저서가 나오기까지 분석에서 설계 그리고 집필까지 애써주신 연구실 한은주 박사님께 깊은 감사를 드리며 출판을 애써주신 그린출판사 윤덕우 사장님께 감사를 드립니다.

2012. 여름, 저자 씀

CONTENTS

## CHAPTER 01 유비쿼터스(Ubiquitous)의 개요



## CHAPTER 02 가정에서의 Ubiquitous

## CHAPTER 03 Mobile's Ubiquitous



## CHAPTER 04 Car's Ubiquitous



## CHAPTER 05 의료, 교육, 비즈니스



## CHAPTER 06 정부, 도시

## CHAPTER 07 유비쿼터스 기술



## CHAPTER 08 유비쿼터스 스마트워크



## CHAPTER 09 유비쿼터스 사회학

CHAPTER 01

# 유비쿼터스(Ubiquitous)의 개요

# CHAPTER 01 유비쿼터스(Ubiquitous)의 개요

유비쿼터스의 창시자라고 할 수 있는 Mark Wiser와 사카무라 겐이 정의하고 있는 유비쿼터스에 대한 정의를 살펴보고, 기존의 산업혁명, 정보혁명을 거쳐 유비쿼터스 혁명이 오기까지의 등장배경을 알아본다. 또한, 유비쿼터스의 다양한 특징에 대해 살펴보고, 현재 그리고 미래에 유비쿼터스의 발전방향의 기초가 될 디지털 컨버전스, 초고속 휴대 인터넷시대, 유비쿼터스의 기초 인프라 RFID/USN에 대해서 자세히 살펴본다.

급속한 정보통신 기술 발달에 힘입어 많은 종류의 상상에나 그릴 법 하던 기술들이 실험실을 벗어나 실제 생활에 접목되며 일류의 미래 삶 자체가 근본적으로 변하고 있다. 그리고 그 변화의 중심에는 바로 '유비쿼터스'가 자리 잡고 있다. 라틴어 'ubique'를 어원으로 하는 영어의 형용사로 '동시에 어디서나 존재하는, 편재하는'이라는 뜻을 가진 유비쿼터스는 물이나 공기처럼 우리 주변 환경에 내재되어 모든 사물 및 사람이 보이지 않는 네트워크로 연결된 새로운 공간을 의미한다. 그렇다면 주변 환경에 내재되어 있는 것은 어떤 의미일까? 이는 PC나 노트북에서 인간의 뇌처럼 사용되던 마이크로프로세서[1]가 손톱만큼의 크기를 가지고 있는 현재 수준에서, 눈으로 인식하기 힘들 만큼 작아져 우리 주변의 모든 기기 속에 장착된다는 것을 뜻한다.

1) 마이크로프로세서(Microprocessor) : 컴퓨터의 중앙 처리 장치(CPU : Central Processing Unit)를 단일 집적 회로(IC : Integrated Circuit) 칩에 집적시켜 만든 반도체 소자이다. CPU와 거의 동의어로 불리지만 그 밖에도 비디오 카드의 GPU(Graphic Processing Unit) 같은 마이크로프로세서도 존재하며, 오늘날은 이를 흔히 MPU (MicroProcessing Unit)라고 부르기도 한다.

## 1.1 유비쿼터스의 역사

### 1.1.1 유비쿼터스의 창시자 : Mark Wiser

유비쿼터스는 정보혁명에 이어 제 4의 혁명으로 불리며, 우리사회의 많은 발전과 변화를 일으키고 있다. *시간과 장소에 구애받지 않고 언제나 정보통신망에 접속하여 다양한 정보통신서비스를 활용할 수 있는 환경*을 의미하는 유비쿼터스는 1988년 마크 와이저(Mark Weiser)(〈그림 1-1〉)가 컴퓨팅과 연결시켜 연구하고 적용하였다. 그는 제록스사의 팰러앨토 연구센터(PARC:Palo Alto Research Center)(〈그림 1-2〉)의 연구원으로 일하면서 기존의 유비쿼터스 개념을 한 층 더 발전시켰다.

마크 와이저는 오랜 시간동안 다가올 미래 전자문명의 화두는 과연 무엇일까에 대해 고민하였다. 그가 구상하는 컴퓨팅의 세계는 지난 수십 년간 설계되고, 활용되어 온 컴퓨터 시스템과는 사뭇 달랐다.

즉, 아침에 현관에서 신문을 집어 들거나, 출근 시 구두주걱으로 구두를 신을 때의 느낌처럼 사람과 사물 간에 인터페이스가 아무런 거부감 없이 자연스럽게 연결되는 기술의 필요성을 느꼈으며, 그러면 인간과 컴퓨터 그리고 네트워크가 서로 조화되어 나타날 지극히 인간화된 기술이 되어야 한다고 주장하였다.

〈그림 1-1〉 마크 와이저 개인 홈페이지(http://sandbox.xerox.com/weiser/)

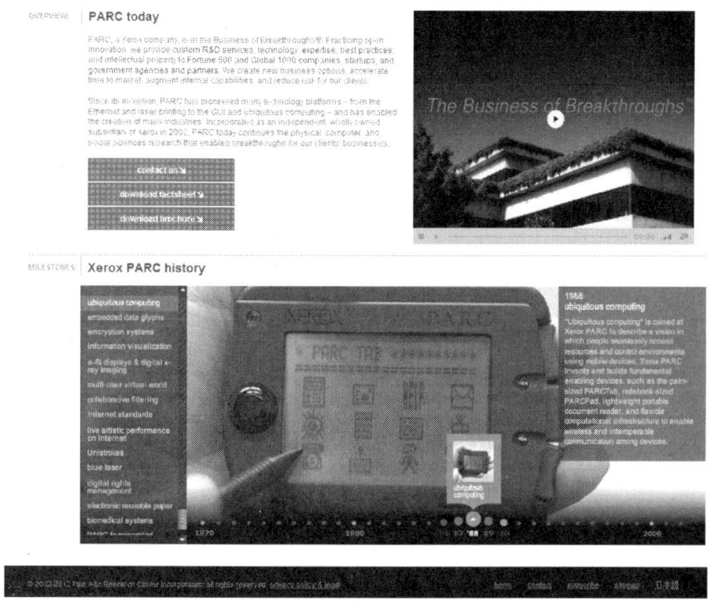


〈그림 1-2〉 1988년 "Ubiquitous computing"(http//www.parc.com/about/)

1991년 그는 미국의 대표적인 과학 저널 중의 하나인 Scientific American 1991년 8월호에 "21세기를 위한 컴퓨터(The Computer for the 21st Century)"라는 논문을 발표하였으며, 그 논문 속에는 그가 그동안 고민하였던 추론과 질문이 고스란히 녹아들어 있다. 이 논문의 요지는 유비쿼터스 컴퓨팅을 통해 대부분의 일상용품에 컴퓨터 장치가 들어가게 된다는 예견이었다.

또한, 1996년에 발표한 "The Coming Age of Calm Technology"에서는 많은 사람이 대형 컴퓨터 시스템을 공유하던 메인 프레임[2] 시대에서 1980년대의 개인용 컴퓨터[3] 시대, 분산 컴퓨팅[4]을 제공하는 인터넷시대를 거쳐 개개인이 환경 속에 편재되어 있는 수많은 컴퓨터를 사용하는 유비쿼터스 컴퓨팅의 시대가 도래 할 것이라고 주장하였다.

---

2) 메인프레임(Mainframe) : 다양한 데이터를 처리할 수 있는 범용 목적의 대형 컴퓨터로서, 다수의 단말기를 연결하여 많은 사람들이 복잡한 작업을 수행할 수 있다.

3) 개인용 컴퓨터(PC : Personal Computer) : 기업이나 가정에서 개인적으로 사용하는 컴퓨터를 말한다. 보통 책상 위에 놓고 사용할 수 있을 정도의 크기로, PC라는 이름은 70년대 초 미국의 IBM사와 휴렛 팩커드사가 발매한 기종에 처음 사용되었다.

4) 분산 컴퓨팅(Distributed Computing) : 인터넷에 연결된 여러 컴퓨터들의 처리 능력을 이용하여 거대한 계산 문제를 해결하려는 분산처리 모델이다.

Embodied Reality(ubiquitous computing) Virtual Reality

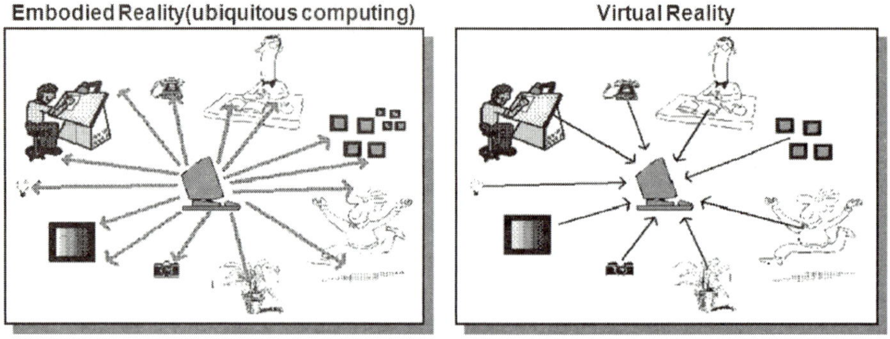

(전자공간/컴퓨터를 물리공간에 심기) (물리공간을 전자공간/컴퓨터에 심기)

〈그림 1-3〉 유비쿼터스 컴퓨팅과 가상현실의 차이

즉, 그의 주장을 정리해보면 다음과 같다.

- 유비쿼터스 컴퓨팅은 가상 현실[5]과는 다르다. : 유비쿼터스 컴퓨팅은 가상현실과 거의 반대되는 개념이라고 하였다. 즉, 〈그림 1-3〉에서 보는 것처럼, *가상현실은 사람들을 컴퓨터가 구현한 세계 속으로 밀어 넣지만, 유비쿼터스 컴퓨팅은 컴퓨터가 사람들이 사는 세상 속에서 숨쉬도록 만들어 준다.* 이처럼 유비쿼터스 컴퓨팅은 인간공학과 컴퓨터 과학, 엔지니어링, 사회과학의 매우 어려운 결합이 될 것이라고 예견하였다.

- 유비쿼터스 컴퓨팅은 모바일 컴퓨팅이 아니다. : 자신이 생각하는 컴퓨팅은 흔히 혼동하는 모바일 컴퓨팅과도 같지가 않다고 하였다. 비록 유비쿼터스 컴퓨팅이 모바일 컴퓨팅 연구 붐의 도움을 받았다고는 하지만 그것과 동일하지 않다고 하였다.

- 조용하고 편안한 기술이 필요하다. : 메인프레임의 시대와 개인용 컴퓨터의 시대, 그리고 인터넷-분산컴퓨팅 시대를 거쳐 다수의 사람이 많은 컴퓨터를 공유하는 유비쿼터스 시대가 도래한다고 예견한바 있다. 그렇다면 유비쿼터스 시대에는 어떠한 요건이 필요한 것일까? 마크 와이저는 여기에 조용한 기술(Calm Technology)의 필요성을 역설하였다. 일상생활에서 예를 들어보면, 자동차 엔진은 일단 시동이 걸리고 나면 운전자를 귀찮게 하지는 않는다. 열쇠를 뽑기 전까지는 말없이 엔진을 돌릴 뿐이다. 하지만 만약 엔진에 이상이 생겨 과열이 되기라도

5) 가상 현실(VR : Virtual Reality) : 컴퓨터 등을 사용한 인공적인 기술로 만들어낸 실제와 유사하지만 실제가 아닌 어떤 특정한 환경이나 상황 혹은 그 기술 자체를 의미한다.

한다면 그제야 계기판에 이상을 알리는 램프를 켜 운전자의 주목을 끈다. 즉, 평소에는 조용하지만 필요할 때는 사용자의 개입을 요구하는 능동적인 지능형 기술을 지칭하는 개념이다. 반대로 컴퓨터나 인터넷은 항상 주목과 개입을 필요로 하는 도구다. 인터넷 서핑이나 검색을 하는 네티즌은 적극적으로 개입해 있는 상태를 유지해야 한다. 끊임없이 마우스를 굴리고 이곳, 저곳을 클릭하며 시선을 모니터에서 뗄 수가 없다. 따라서, *유비쿼터스 컴퓨팅이란 데스크톱처럼 책상 위에만 컴퓨터가 있는 것이 아니라 세상에 존재하는 모든 사물에 컴퓨터 칩이 심어져 있는 세계를 지칭한다.* TV, 냉장고, 오디오 같은 전통적인 가전제품은 말할 것도 없고 주택의 모든 것에 생각하고 반응하는 컴퓨터가 심어져 있다. 길거리의 자동차도, 상가의 간판에도, 그리고 휴대전화에도 존재하는 모든 것에는 컴퓨터가 심어져 있고 이들은 유무선 네트워크로 연결되어 서로 대화한다. 그러나 세상 모든 곳에 컴퓨터가 존재한다고 해서 이를 일일이 사용자가 조정하고 시도 때도 없이 개입해야 한다면 그것처럼 피곤한 일도 없을 것이다. 따라서 유비쿼터스 컴퓨팅 환경에서는 사용자의 상태와 가능한 여러 경우에 맞추어 가장 적절한 상태로 이미 소리 없이 준비되어 있을 수 있는 기술이 필요하다. 이것을 마크 와이저는 조용한 기술이라고 하였다.

또한, 마크 와이저는 유비쿼터스의 특징에 대해 다음과 같이 정의하였다.

- 네트워크에 연결되지 않은 컴퓨터는 유비쿼터스 컴퓨팅이 아니다. 즉, 항상 네트워크가 이루어져야 한다는 것을 의미한다.
- 가상공간이 아닌 실제세계의 어디서나 컴퓨터의 사용이 가능하여야 한다. 즉, 장소중심의 임베디드 컴퓨팅[6]을 의미 한다.
- 컴퓨터는 사용자에게 보이지 않아야한다. 즉, 내장형 또는 소형 마이크로컴퓨터 칩 형식이 되어야 하며, 지능형 컴퓨팅이 되어야 함을 의미한다.
- 인간화 인터페이스로서 사용자 상황에 따라 서비스가 변해야 한다.

---

6) 임베디드 컴퓨팅(Embedded Computing) : 컴퓨터 시스템으로 한 가지 또는 몇 가지의 기능만 수행되도록 설계된 것인데 때로 실시간 계산 제한이 따른다. 이는 전자 하드웨어와 기계 부분을 포함하는 전체 장치의 일부로 내장된다. 시스템을 동작시키는 소프트웨어를 하드웨어에 내장하여 특수한 기능만을 수행하게 되는 컴퓨터 시스템인 것이다.

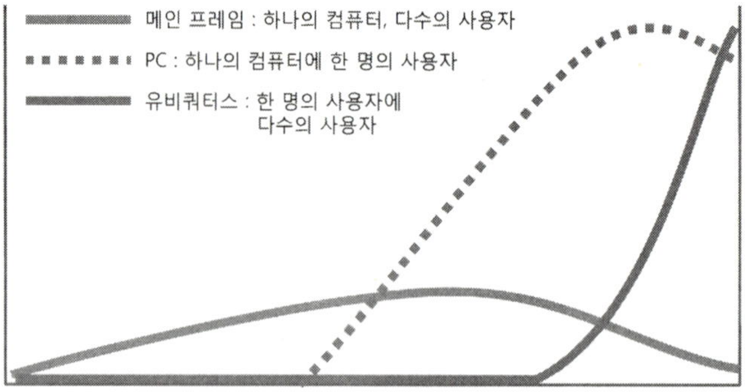


〈그림 1-4〉 컴퓨팅 패러다임의 진화

〈그림 1-5〉 2002년 발간된 사카무라겐 교수의 책 " 유비쿼터스 컴퓨팅 혁명" (교보문고http://www.kyobobook.co.kr)

또한, 마크 와이저는 사람을 포함한 현실공간에 존재하는 모든 대상물들을 기능적 · 공간적으로 연결하여 사용자에게 필요한 정보나 서비스를 언제 어디서나 즉시에 제공할 수 있는 기반 기술의 총합으로서 유비쿼터스 컴퓨팅을 정의하였다. 그는 컴퓨팅의 발전을 3단계의 물결로 제시하였다(〈그림 1-4〉).

### 1.1.2 TRON(The Real-time Operating system Nucleus) 프로젝트 : 사카무라 겐

일본의 유비쿼터스 컴퓨팅 연구의 근간이 된 TRON 프로젝트는 1984년 도쿄대학 사카무라 겐 교수에 의해 시작되었다(〈그림 1-5〉). 사카무라 교수는 미래의 컴퓨터화 된 사회에서는 우리 생활 주

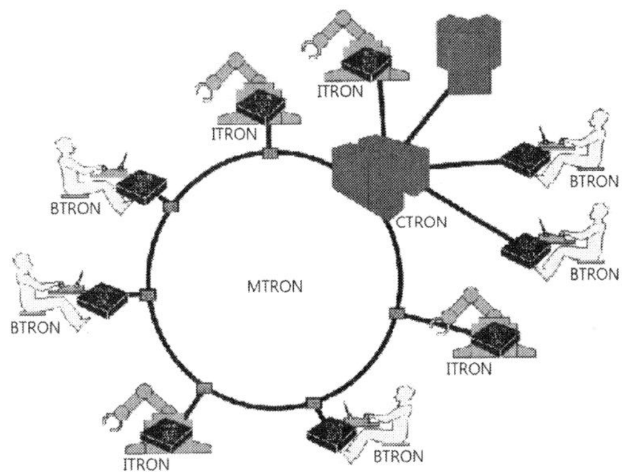


〈그림 1-6〉 TRON 프로젝트의 개념도

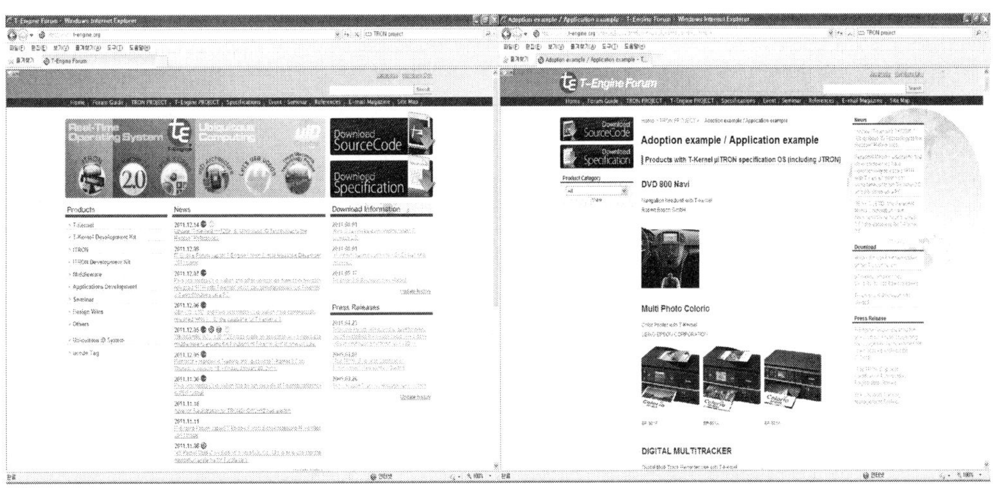

〈그림 1-7〉 http://www.tron.org/ → http://www.t-engine.org/

변의 환경을 구성하는 모든 도구, 기구, 장비와 물건들이 모두 컴퓨터화 할 것이라고 예견하고, 어디에나 컴퓨팅이라는 구성을 가지고 차세대 컴퓨팅을 구현하고자 시작했던 산학협동 프로젝트였다. 이는 기기에 내장하여 사용하는 내장형 컴퓨터의 기본 기술을 개발하는 *시스템 프로젝트*와 내장 컴퓨터의 응용분야를 연구하는 *응용 프로젝트*로 크게 두 부분으로 나뉘어서 진행되었다. TRON 프로젝트는 초기에 다양한 종류의 정보기기들을 작동시킬 수 있는 실시간 운영체제를 순수한 일본식 표준으로 개발하기 위한 프로젝트로 시작되었으나, 1980년대 말에 대내외적인 견제에 봉착하면서 어려움에 처하게 되어 좌절되는 듯하였다.

그러나 1990년대 말에 이르러 *마크 와이저의 유비쿼터스 개념과 결합을 하면서* 오랜 침체의 시기를 빠져 나와 다시 각광을 받고 있다. 현재 TRON은 휴대폰, 디지털 카메라, 자동차 엔진 제어에 쓰이는 임베디드 시스템 분야에서 활용되고 있다. 다음 〈그림 1-6, 7〉은 TRON 프로젝트의 개념도와 현재에 이르기까지 유비쿼터스 컴퓨팅에 대한 연구와 관련 제품들을 출시하고 있는 TRON 사이트이다. 특히, TRON 프로젝트의 구현 사례들을 자세히 살펴볼 수 있다.

## 1.2 유비쿼터스의 등장배경

인류역사를 거치면서 컴퓨팅 환경을 돌이켜보면, 전산화, 정보화, 지식화, 유비쿼터스화로 발전되었음을 설명할 수 있다. 다음 [표 1-1]은 이러한 패러다임의 변화를 표현해 놓은 것이다. 이를 살펴보면, 정보기술은 1980년대를 기점으로 하여 *폐쇄성에서 개방성으로, 단편적 활용에서 복합적 활용과 일상생활로의 내재화 형태*로 급속하게 발전을 하고 있으며 발전과 진화의 주기가 점점 더 짧아지고 있음을 알 수 있다.

**'전산화'**는 컴퓨터가 일상생활에 도입되기 시작한 시기를 말한다. 이 시기의 컴퓨터의 용도는 인간이 하는 반복적인 업무를 보다 빠르고 정확하게 처리하는데 있었다. 즉, 업무의 생력화(省力化)가 이 시기의 가장 큰 과제였다고 할 수 있다. **'정보화'** 시기에 접어들면서 비로소 제한적으로나마 컴퓨터와 컴퓨터가 대화를 하기 시작했다. 여기에는 개인용 컴퓨터라는 도구와 근거리 통신망인 LAN(Local Area Network)7)의 도입이 결정적인 역할을 하였다고 볼 수 있다. **'지식화'** 시기에는 인터넷이라는 도구를 매개체로 하여 컴퓨터와 인간이 보다 더 밀접하게 연결되고 네트워크 망이 보다 더 지능화되었다. 마지막으로 **'유비쿼터스화'** 시기에는 이보다 한 단계 더 진보한 환경을 제시한다. 즉 사람과 컴퓨터 그리고 일반 사물이 유기적으로 결합된 형태를 지향하는 것이 이 시기이며 이것은 현재 진행형의 상태에 있다.

---

7) 근거리 통신망(LAN : Local Area Network) : 집, 사무실, 학교 등의 건물과 같은 가까운 지역을 한데 묶는 컴퓨터 네트워크이다.

[표 1-1] 정보기술의 진화과정

| 구분 | 전산화 | 정보화 | 지식화 | 유비쿼터스화 |
|---|---|---|---|---|
| 대상 | 수작업 | 정보흐름 | 지식수준 | 사물 |
| 목표 | 자동화 | 자유로운 정보수·발신 | 지식 공유 | 기능 최적화 |
| 환경 | 폐쇄성 (Server-to -Client) | 개방성 (PC-to-PC) | 투명성 (B-to-C, B-to-B) | 사람+컴퓨터+사물 통합 |
| 도구 | 전사기기(OA) | 정보시스템(MIS) | 지식관리시스템(KMS) | 유비쿼터스 컴 + 넷 |
| 성과 | 인력감축 | 정보유통 | 지식학습 | 공간화 |
| 주요분야 | 데이터 입출력 | 정보자원관리 | 지식관리 | 공간(환경과 사물)관리 |
| 평가기준 | 능률성 수준 | 논리탐색 가능성 수준 | 창조, 협업화 수준 | 연계성, 무결점화 수준 |
| 정보기반 | 메인 프레임 | PC + 인터넷 | PC + 유무선 인터넷 | 포스트PC+센서네트워크 |
| 경제원리 | 전통적인 경제 | 네트워크 경제 | 지식기반경제 | 공간간 시너지 경제 |
| 정책영역 | 공공부문 | 공공 + 민간 | 공공 +민간 + 국제 | 제3공간+전자+물리공간 |
| 시대 | 50년대 ~ 80년대 | 90년대 | 90년대 말 ~ 현재 | 2003년 ~ 현재 |

## 1.3 유비쿼터스의 특징

최근 새로운 IT패러다임인 유비쿼터스 컴퓨팅은 많은 전문가들이 농업혁명, 산업혁명, 정보혁명과 맞먹는 제4의 혁명으로 간주되는 유비쿼터스 컴퓨팅이 미래 정보통신 시장의 판도를 바꿀 새로운 패러다임이라는 데 동의하고 있다. 즉, 생활공간과 사이버 공간의 지능적 결합을 의미하는 유비쿼터스 컴퓨팅을 통해 인간 삶의 질을 높일 수 있는 새로운 '지능적 통합 공간'이 창출될 것으로 기대한다. 그렇다면, 이러한 유비쿼터스는 어떤 의미를 담고 있는지 알아보자.

- 물, 공기처럼 '도처에 있다' 즉. '언제, 어디서나' 존재한다는 라틴어에서 유래하였다.
- 언제, 어디서나 시간과 공간을 초월하여 자유롭게 네트워크에 접속할 수 있다는 것을 의미

한다.

- 컴퓨터뿐만 아니라, 가전제품 등 다양한 장비가 네트워크를 이용한다.
- 유비쿼터스 혁명은 가상공간과 현실세계를 통합한 새로운 유비쿼터스 공간의 창조를 의미하며, 언제, 어디서나 제한 없는 상호 접속을 지향한다.
- 컴퓨팅 그리고 나노 기술[8], 생명공학 기술[9]의 융합이 가져다 줄 차세대 IT[10] 혁명으로서의 사회, 경제적 변혁의 총체를 의미한다.

결론적으로, 유비쿼터스 컴퓨팅의 특징은 다음과 같다.

- 네트워크에 연결(connection)되지 않은 컴퓨터는 유비쿼터스 컴퓨팅이 아니다.
- 인간화된 인터페이스로서 눈에 보이지 않아야(invisible)한다.
- 가상공간이 아닌 현실 세계의 어디서나 컴퓨터의 사용이 가능해야 한다(embodied virtuality).

유비쿼터스 컴퓨팅은 기존의 물리적 공간과 정보통신기반의 전자적 공간을 연결하는 새로운 공간을 지칭하는 말이며 〈그림 1-8〉와 같은 구성을 기반으로 서비스를 제공한다. 이것은 일본 노무라연구소의 무라카미 이사장이 제안한 개념이다. 그는 1988년에 마크 와이저가 유비쿼터스 개념을 주창하였을 때는 인터넷이라는 글로벌한 네트워크 인프라가 없었다는 점에 주안점을 두고 네트워크로서의 유비쿼터스의 중요성을 강조하였다. 그가 정의 내린 유비쿼터스 네트워크의 개념은 다음과 같다.

- 고정 · 이동, 유 · 무선, 통신, 방송이라는 모든 영역을 넘어 장소에 구애를 받지 않고 언제든지 접속이 가능한 모바일 특성의 브로드밴드[11] 네트워크이다.

---

8) 나노 기술(NT : Nano Technology) : 원자나 분자 정도의 작은 크기 단위에서 물질을 합성하고, 조립, 제어하며 혹은 그 성질을 측정, 규명하는 기술을 말한다. 일반적으로는 크기가 1 내지 100나노미터 범위인 재료나 대상에 대한 기술이 나노기술로 분류한다.

9) 생명공학 기술(BT : Bio Technology) : 바이오산업을 기업화하려는 새로운 산업 분야를 말한다.

10) IT(Information Technology) : 정보화 시스템 구축에 필요한 유형 · 무형의 모든 기술과 수단을 아우르는 간접적 가치창출에 무게를 두는 기술을 뜻하는 정보통신 용어로 정보통신 산업의 발전과 함께 정보혁명을 주도하는 기술로 부각되었다.

11) 브로드밴드(Broadband) : 광대역 통신이라는 말로 하나의 전송매체에 여러 개의 데이터 채널을 제공하는 정보

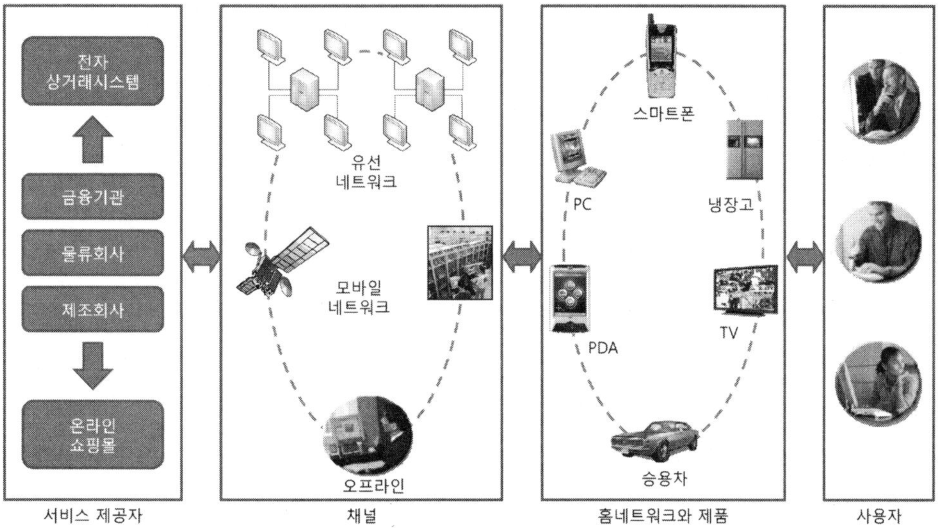


〈그림 1-8〉 유비쿼터스 네트워크 구성도

- 대형컴퓨터나 개인용 컴퓨터 뿐만 아니라 휴대폰, PDA[12], 게임기, 디지털 TV, 가전기기, 전자 태그 등 각종 기기나 센서가 IP[13]등의 프로토콜을 사용하여 서로 연결된 상태가 된다.
- 텍스트나 정지영상 뿐만 아니라 동영상 및 음성 콘텐츠, 다양한 정보의 송수신, 전자상거래 등에 활용이 가능하다.

유비쿼터스 네트워크는 '모든 것의 네트워크화'라는 지향점으로 진화할 것이다. 이것은 *서버 측*에는 IPv6[14]와 AON[15]의 방향으로, *단말 측*에는 비컴퓨터계 단말의 증가, 대량정보의 발생의 방향으

---

통신 관련 용어이다. 인터넷 접속 뿐만 아니라 음성과 데이터 통신 역시 점차 이동전화, 휴대형 디지털 장치, 무선네트워크상의 컴퓨터 같은 광대역 무선 플랫폼을 이용하고 있다.

12) PDA(Personal Digital Assistant) : 터치스크린을 주 입력장치로 사용하는 한 손에 들어올 만큼 작고 가벼운 컴퓨터이다. 개인의 일정관리, 주소록, 계산기 등의 기본 기능을 가지고 있으며, 데스크톱과 노트북 컴퓨터의 자료를 서로 주고받기 쉽다.

13) IP(Internet Protocol) : 송신 호스트와 수신 호스트가 패킷 교환 네트워크(Packet Switching Network)에서 정보를 주고받는 데 사용하는 정보 위주의 규약(Protocol)이며, OSI 네트워크 계층에서 호스트의 주소지정과 패킷 분할 및 조립 기능을 담당한다.

14) IPv6(Internet Protocol version 6) : 인터넷 프로토콜 스택 중 네트워크 계층의 프로토콜로써 version 6 Internet Protocol로 제정된 차세대 인터넷 프로토콜을 말한다. 인터넷(Internet)은 IPv4 프로토콜로 구축되어 왔으나 IPv4

로, *응용측면*에서는 망 기반 애플리케이션, 자율 서비스형 애플리케이션이 증가하는 방향으로 변화함을 의미한다.

이를 소화하기 위한 유비쿼터스 네트워크의 기술적 요구사항으로는 기기들의 소형화와 내구성, 저 전력 소비 네트워킹 설비, 정밀한 거리 및 위치추적 능력, 대용량 정보처리를 위한 슈퍼 컴퓨팅[16], 자율적 망 관리, 물리적 망 기반의 가상 망 서비스의 발달, IP에 사물 정보 표시, 비컴퓨터계 단말 접속의 수용 등을 들 수 있다.

이렇듯 유비쿼터스 컴퓨팅은 강력하게 중앙시스템에 집중된 환경이 아닌 분산화된 환경을 요구하는 *분산화*, 컴퓨터 시스템의 다양한 기능을 지원하는 *다양성*, 다양한 기기가 경계와 단절 없이 IT 환경에 완전히 통합되는 *연결성*, 인터페이스의 복잡성을 극복한 *간결성*을 기초로 한다.

또한, 이러한 유비쿼터스 컴퓨팅은 몇 가지의 다른 이름으로도 불리고 있다. 이들은 서로 다른 이름으로 정의되고는 있지만 전체적인 맥락에서는 유비쿼터스와 대부분 일치가 되는 것으로 여겨진다.

- 퍼베이시브 컴퓨팅(Pervasive Computing) : IBM이 제안한 개념으로서 전반적으로 유비쿼터스 컴퓨팅과 거의 유사하다. IBM이 생각하는 퍼베이시브 컴퓨팅은
  1) 자동차와 핸드 헬드(hand held) 기기 등 각종 기기 안에 통합된 솔루션이며,
  2) 무선영역으로 확장하기 위한 미들웨어이며,
  3) 하드웨어와 소프트웨어, 서비스 등을 교차, 융합시키면서 새로운 비즈니스모델을 창조하는 것이라고 한다.

- 조용한 컴퓨팅(Calm Computing) : 정보기기나 일상 사물에 심어진 컴퓨터들이 사용자가 의식하지 않더라도 묵묵히 맡겨진 일을 수행하는 것을 실현하는 컴퓨팅이다. 이것은 앞에서도 언급했듯이 마크 와이저가 발표한 논문에서 주장한 조용한 기술이라는 개념에서 기반을 둔 것으로, 심오한 기술은 사람들과의 인터페이스 이면에 숨게 된다고 하였다. 즉, 현재의 컴퓨터처럼

---

프로토콜의 한계점으로 인해 지속적인 인터넷 발전에 문제가 예상되어 이에 대한 대안으로써 IPv6 프로토콜을 제정하였다.

15) AON(Active Optical Network) : 전화국과 가입자 사이에 광케이블이 도입되고, 전화국과 단말사이에 광 가입자 전송장치가 놓여 논리적 Loop를 형성한 네트워크이다.

16) 슈퍼컴퓨터(Supercomputer) : 주로 과학기술연산에 사용되는 초고속 컴퓨터이다. 이 개념은 절대적 기준이 아닌 상대적인 것으로 당대 최상급 처리 능력(특히 연산 속도)을 보유한 고성능 컴퓨터를 가리키는 말이며, 간혹 단순히 HPC(High Performance Computer)라고 부르기도 한다.

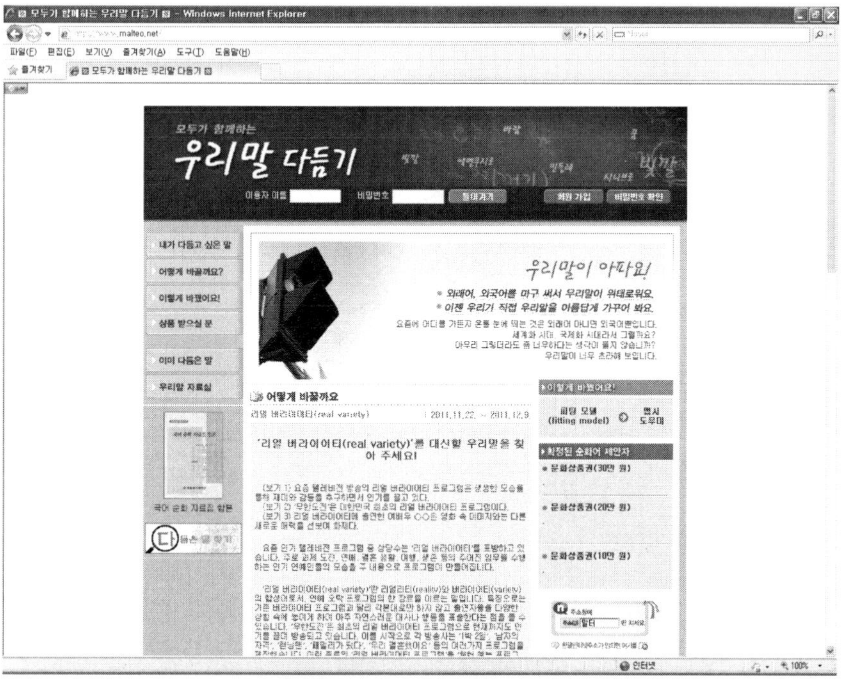

〈그림 1-9〉 www.malteo.net

사용자가 학습을 하거나, 훈련을 받거나, 의식을 하지 않고도 자연스럽게 컴퓨팅 서비스를 받게 된다는 의미다.

- 두루 누리 : 2004년 10월 19일 국립국어연구원에서 선정한 유비쿼터스의 한글 대체어가 "두루 누리"이다. 이것은 두루 접속, 바로 접속, 홍길동 접속 등을 후보로 연구원이 운영 중인 우리말 다듬기 사이트(〈그림 1-9〉)를 통해 투표를 실시하여 최다득표를 선정한 것이라고 한다.
- 노매딕 컴퓨팅(Nomadic Computing) : Nomadic의 사전적 의미인 '유목민'에서도 엿볼 수 있듯이 네트워크의 이동성을 극대화하여 사용자가 자유자재로 이동하면서 어디서든지 컴퓨터에 접속을 할 수 있는 환경을 말하며, 이른바 어디서든 연결된 환경의 실현을 의미한다.
- 감지 컴퓨팅(Sentient Computing) : 센서를 통하여 항상 새로운 정보를 감지하여 사용자에게 제공하는 기술이다. 이러한 감지 컴퓨팅을 통하여 유비쿼터스 서비스를 제공할 수 있으며, 여기에는 u-커뮤니케이션 서비스, u-정보제공 서비스, u-상황고지 서비스, u-행위제안 서비스, u-

〈그림 1-10〉 시사저널에 기재된 미래병사 (2011.07.06)

지능형 서비스 등이 있다.

- 웨어러블 컴퓨팅(Wearable Computing) : 유비쿼터스가 일상화되기 위해 가장 선행되어야 할 기술로서, 컴퓨터를 안경이나 옷처럼 착용할 수 있게 함으로 컴퓨터를 인간 몸의 일부로 만드는 기술이다(〈그림 1-10〉). 이 기술은 앞으로 나노기술, 생명공학기술의 힘을 입어 체내 이식형 컴퓨팅으로 발전해 갈 것이다.

- 일회용 컴퓨팅(Disposable Computing) : 모든 사물에 컴퓨터를 심을 수 있도록 컴퓨터 혹은 프로세서를 1회용 물품처럼 값싸게 만드는 기술이다. 현재 이 기술에서 가장 각광을 받고 있는 것이 RFID[17] 태그의 사용이다.

이러한 유비쿼터스 컴퓨팅의 구현은 크게 컴퓨팅의 기능에서 내재화를 강화시키거나 휴대성을 높이는 두 가지 방향에서 구현되고 있으며, 이와 관련하여 〈그림 1-11〉은 유비쿼터스 컴퓨팅의 구현 방향을 나타내었다. 즉, 이동성과 내재성이 모두 충족된 것을 유비쿼터스 컴퓨팅이라고 한다면, 이동성만이 충족된 것을 모바일 컴퓨팅, 내재성만이 충족된 것을 퍼베이시브 컴퓨팅이라고 지칭한다.

---

17) RFID(Radio Frequency IDentification) : 전파를 이용해 먼 거리에서 정보를 인식하는 기술이다. 빛을 이용해 판독하는 바코드와는 다르게 전파를 이용한다. 따라서 바코드 판독기처럼 짧은 거리에서만 작동하지 않고 먼 거리에서도 태그를 읽을 수 있으며, 심지어 물체를 통과해서 정보를 수신할 수도 있다.

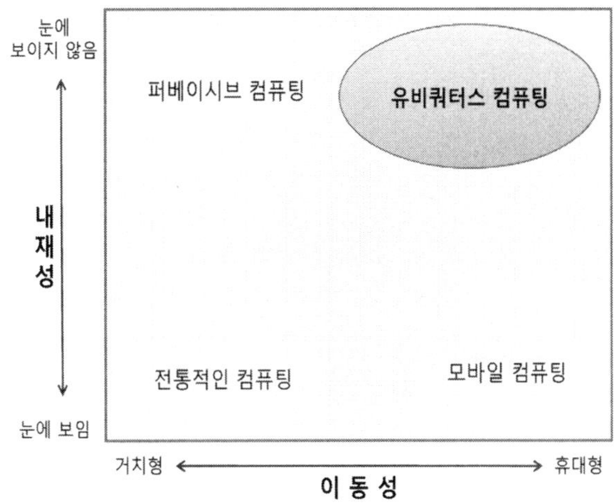


〈그림 1-11〉 유비쿼터스 컴퓨팅의 구현 방향

## 1.4 유비쿼터스의 발전

### 1.4.1 디지털 컨버전스(Digital Convergence)

얼마 전 부터인가 우리사회의 관심은 온통 '컨버전스'에 쏠려 있다. 인터넷과 TV의 Convergence 즉, 융합 상품인 IPTV[18]가 본격적인 상용화에 나섰고, 이에 보조를 맞추기 위한 미디어 법의 개정 역시 방송통신 '융합'을 위해 한 바탕 진통을 겪었다. 뿐만 아니다. 카메라 폰, 인터넷이 가능한 휴대폰, 전자사전과 MP3[19] 와의 만남 등과 같은 디지털 기기의 융합은 최근 IT업계의 트렌드로 볼 수 있으며, 이제는 단순한 기능의 결합뿐만 아니라 서비스 간, 산업 간 융합으로 진화하며 발전하는 양상을 보이고 있다[표 1-2].

---

18) IPTV(Internet Protocol TeleVision) : 광대역 연결 상에서 인터넷 프로토콜을 사용하여 소비자에게 디지털 텔레비전 서비스를 제공하는 시스템을 말한다.

19) MP3(MPeg audio layer-3) : MPEG-1의 오디오 규격으로 개발된 손실압축 포맷이다. MP1, MP2를 개량하여 만들어져 가장 대중적인 음악 파일 포맷으로 여겨진다. 컴퓨터 디스크 등의 PCM(Pulse-Code Modulation : 아날로그 신호의 디지털 표현으로, 신호 등급을 균일한 주기로 표본화한 다음 디지털(이진) 코드로 양자화 처리된다.)음성을 일반적으로 들을 만한 음질로 압축하여 크기를 1/10까지 줄일 수 있다.

[표 1-2] 산업 간 컨버전스를 통한 유망사업

| 산업 | 산업 간 컨버전스를 통한 유망 사업 |
|---|---|
| 방송, 미디어 | VOD서비스, IPTV, 웹캐스팅, DMB, 모바일 방송 |
| 콘텐츠 | 모바일 게임, 위치기반서비스, DRM등 |
| 금융 | 모바일 뱅킹, 스마트카드 서비스 등 |
| 보건의료 | 가정용 모바일 헬스케어기기, 원격건강모니터링 서비스 등 |
| 자동차 | 텔레매틱스 단말/서비스, 자동차용반도체등 |

## 1.4.2 초고속 휴대 인터넷 시대

현재 국내에서는 별도의 주파수 대역을 이용한 무선 휴대 인터넷 와이브로[20]가 상용화되어 있다. 무선 랜 수준의 전송속도와 이동 전화 기반의 무선 인터넷 장점을 고루 갖춘 초고속 휴대인터넷인 Wibro는 Wireless + Broadband의 합성어로서 이동하는 초고속 인터넷이다.

게다가 2010년부터 '꿈의 이동통신'이라고 불리는 4G 이동통신(광대역 무선 이동통신) 서비스가 도입됨에 따라 저속 이동 시 사용자에게 1Gbps, 고속 이동 사용자에게는 100Mbps 이상의 모바일 인터넷 서비스 환경을 제공했으며, 현재, 4G 시대는 휴대전화 한 대로 고화질의 영화를 십 여초 만에 다운로드 받는 것은 물론이고 지하철이나 기차, 차 안에서도 이동 중에 음성 및 화상 통화가 가능하다. 또한 주문형 비디오, 생중계 방송, 인터넷, 원격 영상진료 등 고화질 동영상 서비스를 바로 이용할 수 있게 될 뿐만 아니라 휴대전화로 냉장고나 에어컨, TV 등 집안의 가전제품을 모두 제어할 수 있게 되고 장소에 구애받지 않는 원격조정으로 재택 근무, 재택 학습, 원격 진료, 원격 금융거래 및 원격 행정서비스까지 광범위하게 적용되고 있다. 즉 유비쿼터스적인 삶으로의 전환이 가능하다는 것이다.

20) 와이브로(WiBro : Wireless Broadband) : 대한민국 삼성전자와 한국전자통신연구원이 개발한 무선 광대역 인터넷 기술이다. 대한민국에서 통용되는 국제 표준 IEEE 802.16e에 대한 이름이고, 북미에서는 모바일 와이맥스로도 불린다. 처음엔 고속 데이터 통신 기술을 가리키는 용어로 창안된 것이지만, 통신업체에서 기술명을 서비스명으로 이용하면서 기술 이름보다 서비스 이름으로 더 잘 알려져 있다.

〈그림 1-12〉 http://www.rfidkorea.or.kr/

### 1.4.3 유비쿼터스 기초 인프라, RFID/USN

#### 1.4.3.1 RFID(Radio Frequency Identification)

*RFID는 고유코드가 내장된 전자태그를 부착하고 무선 주파수 신호를 이용하여, 원격으로 정보를 인식, 식별하는 기술이다.* RFID는 정보의 축적이나 자동식별, 위치 확인 등이 가능하며, 직접 접촉 방식과 정보 저장 용량에 한계가 있는 바코드를 완전히 대체할 수 있음은 물론, 훨씬 다양한 기능을 제공한다.

유비쿼터스 사회의 핵심 인프라라고 할 수 있는 RFID는 초기에 국방 분야에 이용하기 위해 개발되었으나, 점차 의료, 유통 등 사회 전반에 걸쳐 폭 넓게 적용되면서 유비쿼터스 사회의 핵심 사업으로 많은 주목을 받고 있다.

RFID는 앞으로도 점차 지능화, 소형화 되어 가고 있으며, 가격 경쟁력을 비롯한 다른 기술적인 문제들 역시 연구와 개발을 통해 지속적으로 개선되어 가고 있다. 이에 따라 국방, 안보, 유통, 의료 분야는 물론이고 식품관리 및 실생활에서의 활용이 점차 가시화되고 있다.

RFID는 유비쿼터스 사회의 유망 산업으로서 높은 잠재력을 인정받음은 물론, 사회 네트워크의 근간이 되기 때문에 다른 산업과의 연계나 경쟁력 향상을 도와줄 수 있는 인프라 적 특징으로 인해 이동통신 사업과 더불어 막대한 산업파급 효과가 기대된다.

#### 1.4.3.2 USN(Ubiquitous Sensor Network)

*USN 즉, 유비쿼터스 센서 네트워크는 인간이 필요로 하는 모든 곳에 RFID 전자태그와 센서노드를 설치하고, 이를 통해 기본적인 사물 인식은 물론 주위 환경정보까지 파악하여 네트워크망을 통해 실시간으로 관리하는 것을 의미한다.* 언제 어디서나 인간이 의식하지 않아도 자유롭게 컴퓨터 기능과 네트워크망을 이용할 수 있는 첨단 지능형의 '유비쿼터스' 사회 구현을 위한 필수 인프라라고 할 수 있다.

다시 말해, USN은 실세계의 각종 사물과 환경 전반에 컴퓨터를 장착하되, 이용자에게 컴퓨터의 모습을 보이지 않고, 효과적으로 융합함으로서 사용자의 자각 없이도 언제 어디서나 존재하는 컴퓨터를 편리하게 이용할 수 있도록 만드는 것이다.

향후 u-IT는 디지털 기기 간 융합을 통해 이루어지고 있다. 물론 이를 위한 정보 융합과 네트워크의 융합 역시 빼놓을 수 없는 u-IT의 특징이다. 이러한 IT 인프라 발달과 함께 웰빙 추구와 소비자 Needs의 다양화, 라이프스타일 변화, 양질의 서비스 요구 등과 맞물려, 컨버젼스 현상은 하나의 사회 발전의 트렌드가 되고 있다.

사회적 트렌드에 힘입어 다가올 유비쿼터스 사회에 대비한 새로운 서비스 창출 및 기반 구축은 반드시 필요하다고 할 수 있다. 따라서 사회 전반에 걸친 다양한 요구와 문제점들을 해결하고, 성공적인 유비쿼터스 사회 구현을 위해서는 국가적인 거시적이고 장기적 계획이 필요하다. 즉 국가 차원의 통합된 마스터플랜이 필요한 것이다. 이를 바탕으로 관련된 기반 기술 개발 및 표준화를 위한 연구와 핵심인재 양성이 필요하며, 관련 산업의 활성화와 서비스 보급을 촉진시키기 위해서는 재정적 지원 역시 필요하다고 볼 수 있다.

또한 u-IT가 중장기적으로 하나의 성장원동력이 되기 위해서는 지금과 같은 공급자 중심의 편의나 이윤 추구 모델이 되어서는 곤란하다. 유비쿼터스 사회의 기본 바탕은 소비자 중심의 서비스라는 것을 명시하고, 개발 과정이나 사업 진행 중에 보다 더 이용자의 의견과 Needs를 적극 수렴하는 구조가 필요하다. 즉 사업 진행의 초점이 '이용자'로 맞춰져야 하는 것이다.

마지막으로 유비쿼터스 사회에서 나타날 수 있는 기존 문제의 심화 및 새로운 유형의 문제 발생 등에 대한 방안 마련이 절실하다. 감시 사회의 강화, 개인 정보 침해, 사이버 윤리 훼손, 사이버 범죄의 범람 등으로 대변되는, 이러한 위험 요인들에 대한 연구 강화와 법 제도 마련, 기술 개발 등을 적극 장려하여, 잠재적 위험요소 들에 대한 우려를 해소하고, 보다 더 적극적으로 유비쿼터스 사회의 구현을 앞당길 수 있는 노력이 필요하다.

CHAPTER **02**

# 가정에서의 Ubiquitous

# CHAPTER 02 가정에서의 Ubiquitous

home-Ubiquitous 개념으로 가정에서의 유비쿼터스 사례들을 다양하게 살펴본다. 즉, 백색가전이라고 불리우는 정보가전, 지능형 주택인 인텔리전트 주택, 디지털 TV, 홈 서버, 홈 보안, 홈 엔터테인먼트, 홈 네트워킹, UWB, 인터넷 전화, 지능형 서비스 로봇에 대해서 자세히 알아본다.

유비쿼터스 컴퓨팅과 네트워크 기술의 발달은 인간생활을 둘러 싼 모든 공간 속의 환경과 사물 속에 특정한 용도의 컴퓨터를 센서, 칩, 태그와 라벨, 배지, 마이크로 머신, 로봇의 형태로 심어 놓고 네트워크로 연결함으로써 공간적 상황정보 인식의 왜곡과 불균형 문제를 해결해 줄 수 있는 가능성을 열어 놓고 있다. 물론 그 가능성은 고도한 컴퓨터 조작 능력이나 시스템의 복잡화를 필요로 하지는 않는다.

유비쿼터스화된 생활공간은 시민들의 새로운 생활공간이 될 것이며, 여기에서 새로운 생활양식이 등장하여 지금까지는 상상조차 할 수 없던 생활혁명과 삶의 질이 획기적인 변화를 가져올 것이다. 유비쿼터스 생활공간 속에서는 환경과 사물들의 상태변화에 대한 정보를 개개 인간의 욕구에 맞게

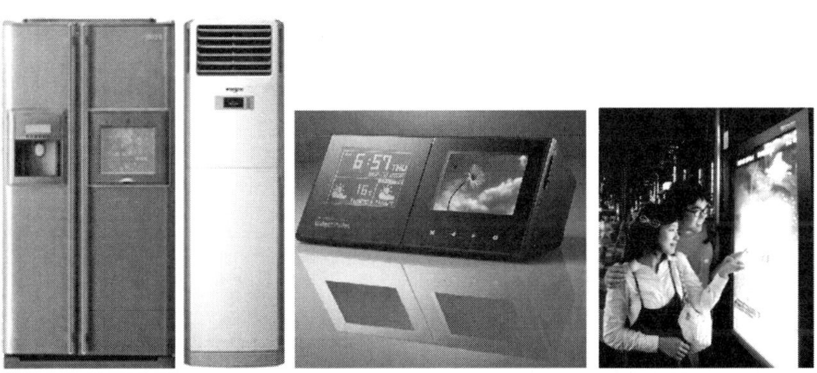

〈그림 2-1〉 인터넷 정보가전 기기

실시간으로 획득하고, 환경과 사물 스스로 사람에게 필요한 정보를 고지, 조언하거나 상황에 적절한 조치를 취해 줄 수 있다. 이것이 유비쿼터스 컴퓨팅과 홈 네트워크로 창조되는 유비쿼터스 생활혁명이다.

## 2.1 정보가전

인터넷의 폭발적 확산과 사회 전체가 디지털 경제로 이동하면서 모든 기기들이 디지털화하고 유무선 인터넷으로 연결되는 추세이다. 또한, 언제 어디서나 인터넷을 사용할 수 있는 무선인터넷 환경이 발달하면서 PC외에 인터넷에 접속할 수 있는 인터넷 정보가전에 대한 수요가 증가하고 있다. 인터넷이 급속도로 확산되면서 PC보다 사용이 편리하고 가격이 저렴한 인터넷 정보가전에 대한 요구가 증대되고, 무선인터넷과 홈네트워킹의 기술적 발전에 따라 다양한 인터넷 정보가전기기가 공급되고 있는 것이다.

*가정에서 사용되는 가전제품 중 몇몇은 이미 네트워크 접속이 가능한 정보통신 수단으로 만들어진 것들이 있다. 이러한 새로운 제품군들을 정보가전이라고 부를 수 있다.* 이러한 정보가전 중에서 특히 인터넷과의 접속이 가능한 제품들을 *'인터넷 정보가전(IA : Internet Appliances)'*이라고 지칭하며 유비쿼터스 홈 네트워킹의 핵심이 된다. 인터넷 정보가전은 매우 복합적이고 다양한 제품과 기술로 구성되어 있지만, 간단하게 정의하자면 *유무선 정보통신망에 연결되어 데이터 송수신이 가능한 디지털 TV, 인터넷 냉장고, DVD[1), 디지털비디오 등과 같은 차세대 네트워크 가전제품*을 말한다. 따라서 인터넷 정보가전 산업은 기존의 가전제품에 정보기술 및 통신기술을 이용한 여러 가지 형태의 서비스 제공이 가능한 정보 단말기기와 관련 소프트웨어, 응용 및 서비스, 네트워크 기술 등을 포함한다.

---

1) DVD(Digital Video Disc, Digital Versatile Disc) : CD에서 더 발전한 저장매체이다. 겉모습은 12cm나 8cm 지름의 원반으로서 CD와 같으나 다른 포맷으로 저장되며 높은 용량을 가지고 있다. 처음에는 품질이 좋은 대용량 영상물을 담을 수 있는 매체로 시작했지만, 컴퓨터의 정보 저장 매체로 발전하였으며, 지금은 음악을 담는 DVD 오디오로 널리 쓰인다. CD와 달리 모든 DVD는 UDF(Universal Disk Format)라는 형식으로 관리되는 파일로 저장되며, 이는 데이터를 담는 CD의 표준인 ISO 9660의 확장형이다.

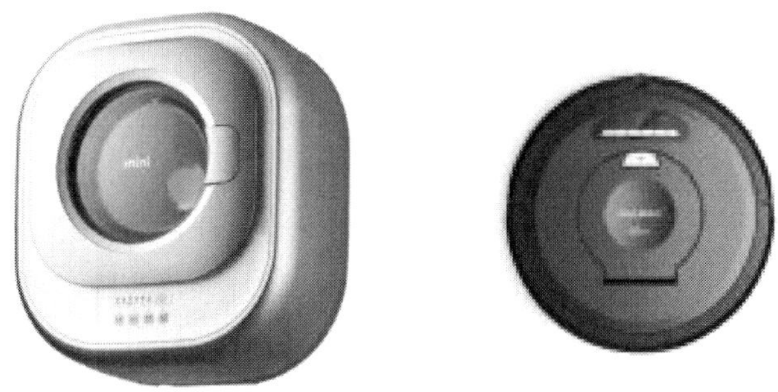

〈그림 2-2〉 대우일렉트로닉스 클라쎄 DWD-M301WP(벽걸이 세탁기) / 마미로봇 뽀로 K3(로봇 청소기)

- AV(Audio/Video) 제품 : 컴퓨터를 제외하고 네트워크에 가장 먼저 연결될 수 있는 가전제품으로 텔레비전, 오디오 같은 AV 제품들을 들 수 있다. 이미 AV제품들을 서로 네트워크에 연결시키거나 컴퓨터의 네트워크와 AV기기의 네트워크를 완전히 통합시켜 상호 호환되도록 하는 방향으로 기술이 진보하고 있다.
- 백색 가전 : 냉장고, 세탁기, 전자레인지 등 주방이나 청소, 세탁 등에서 활용되는 가전제품을 총칭하는 용어다. 최근에는 백색가전제품 역시 네트워크에 연결되도록 하고 있다(〈그림 2-2〉).

## 2.2 인텔리전트(Intelligent) 주택

*인텔리전트 주택은 스마트 홈(Smart Home) 또는 IT 주택이라고도 불리며, 자동화를 지원하는 개인 주택을 말한다.* 예를 들며, 인텔리전트 빌딩의 각종 자동화 기법(조명이나 온도 제어, 문과 창 제어, 보안 시스템 등)은 가정 자동화에도 적용할 수 있으며, 안방극장 제어, 자동적이고 효율적인 에어콘, 방범 시스템, 의료 시스템 접속 등이 이에 포함된다. 다음 〈그림 2-3〉은 인텔리전트 주택의 구성도를 나타내었다.

이러한 인텔리전트 주택은 u-City[2)]를 향한 다리역할을 해준다. 주택을 새로 건축할 때부터 가정

2) u-City(Ubiquitous-City) : 도시의 경쟁력과 삶의 질 향상을 위하여 유비쿼터스 도시기술을 활용하여 건설된 유비쿼터스 도시기반시설 등을 통하여 언제 어디서나 유비쿼터스 도시서비스를 제공하는 도시를 말한다.

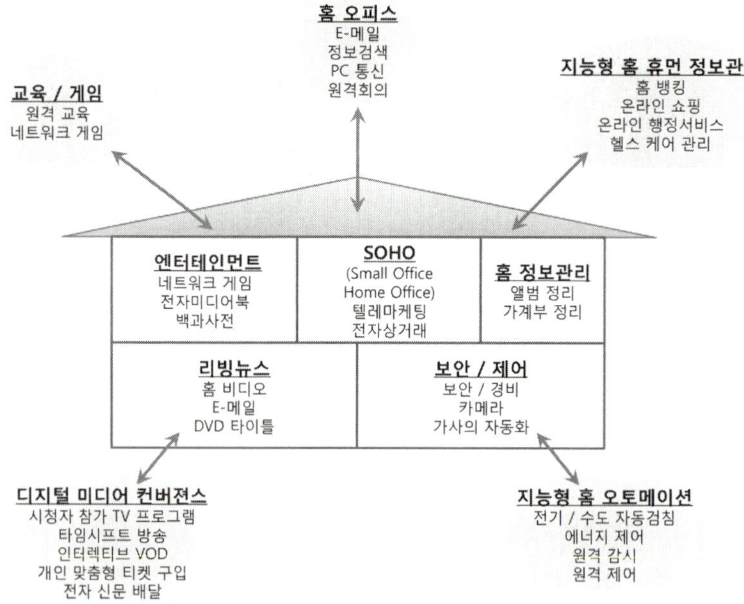


〈그림 2-3〉 인텔리전트 주택의 구성도

자동화를 채용하는 경우, 제어를 위한 배선이 벽에 설비된다. 배선은 콘트롤러에 연결되어 각종 제어를 한다. 최근에는 무선 기술을 이용하는 것도 있다. 이렇듯, 인텔리전트 주택은 지능화된 가정형태, 생활환경 및 거주공간을 의미하며 생활환경의 지능화, 환경 친화적 주거생활, 삶의 질 혁신 추구 등의 목적이 있다. 몇 가지 예를 살펴보면 다음과 같다.

- TRON 프로젝트의 인텔리전트 주택 : 가정 내 정보화는 가전제품에 의한 정보화 뿐 아니라 주택 그 자체의 정보화라는 모습으로 실현하려는 시도가 진척되고 있으며, 그 중 대표적인 것이 1장에서 소개된 바가 있는 TRON 프로젝트다. TRON 프로젝트에서는 1989년 홈 오토메이션(Home Automation)의 연구를 위해 인텔리전트 주택이라고 불리는 실험주택을 도쿄에 설치하였다. 이 실험의 목적은 주택의 쾌적함과 미래의 라이프스타일 연구였다. 인텔리전트 주택에는 통상적인 OA(Office Automation)기기, 전화기, AV기기뿐만이 아니라 벽이나 문, 책상에까지 컴퓨터를 내장시킨 후 이를 네트워크와 통합을 시켰다. 이를 통하여 가정 내 여기저기에 내장된 컴퓨터들이 상호 협력하여 작동하는 모델을 고안하였다. 이 인텔리전트 주택에서는 컴퓨터나 센서가 주택의 안팎에서 발생하는 여러 상황을 분석하여 인간이 살기 가장 쾌적한 환

Front of the TRON Intelligent House　Back of the TRON Intelligent House　Atrium at the back of the house

〈그림 2-4〉 http://tronweb.super-nova.co.jp/tronintlhouse.html

〈그림 2-5〉 마쓰시타전기 멀티미디어센터내에 설치된 HII하우스(한겨레21 1999년 12월 16일 제287호)

경을 실현한다. 예를 들면 외부의 날씨 상황에 맞추어 창문을 자동으로 열고 닫으며, 공기 시스템과 협력하여 온도와 습도를 조절할 수 있도록 한다(〈그림 2-4〉).

- 마쓰시다 전기의 HII(Home Information Infrastructure) : 마쓰시다는 도쿄의 시나가와에 쇼룸을 마련하여, 정보화된 근 미래의 가정 모델을 전시해주고 있다. HII하우스는 내장 카메라를 갖춘 도어폰에서 휴대폰 전화로 영상을 전송할 수 있는 시스템, 고화질·고음질 시어터 시스템(theater system), 가정 내 VOD[3] 시스템 등이 갖추어져 있다. 부엌에서는 생활정보 단말기를 통하여 생활에 필요한 정보를 제공하도록 되어있다. 또한 방안의 온도와 습도, 이산화탄소

3) VOD(Video On Demand) : 기존의 공중파 방송과는 다르게 인터넷 등의 통신 회선을 사용하여 원하는 시간에 원하는 매체를 볼 수 있도록 하는 서비스이다.

농도를 고려해 전체적으로 기기의 운전을 관리하며, 에너지의 소비량도 전력선을 통해 모니터해 보여준다. 마쓰시다가 2001년 6월에 발표한 eHII는 HII의 콘셉트를 브로드밴드나 모바일 인터넷, 디지털 방송에까지 확장한 것이다. eHII의 목적은 "네트워크 가전 인터넷을 중심축으로 하여 기기, 네트워크, 서비스 및 콘텐츠를 일체적으로 실감할 수 있는 즉 개인과 사회가 연결되는 새로운 생활 제안과 비즈니스 스타일을 만든다"는 것이다(〈그림 2-5〉).

## 2.3 디지털 TV(DTV : Digital TeleVision)

*TV에 PC 기능을 추가해 방송과 함께 인터넷 등 통신을 함께 이용할 수 있게 한 차세대 TV를 디지털 TV라고 한다.* 기존 TV와는 달리 신호를 아날로그가 아닌 디지털방식으로 처리하기 때문에 음질과 화질이 깨끗하다. PC기능을 갖고 있어 수신된 TV 프로그램을 저장, 편집, 가공할 수 있다. 디지털 TV는 통신과 방송이 융합되는 추세에 맞춰 시장규모가 크게 확대 되고 있는 고부가가치 신산업이다. 세계 시장 규모가 점차 증가함에 따라 선진국들은 디지털 TV 시장을 선점하기 위해 방송서비스를 서두르고 있다. 다음 〈그림 2-6〉은 전 세계 지상파 디지털 텔레비전 점유 현황을 나타낸 것이다.

디지털 TV로 프로그램을 시청하기까지는 어떤 과정이 필요할까? 보통 TV프로그램은 제작, 전파

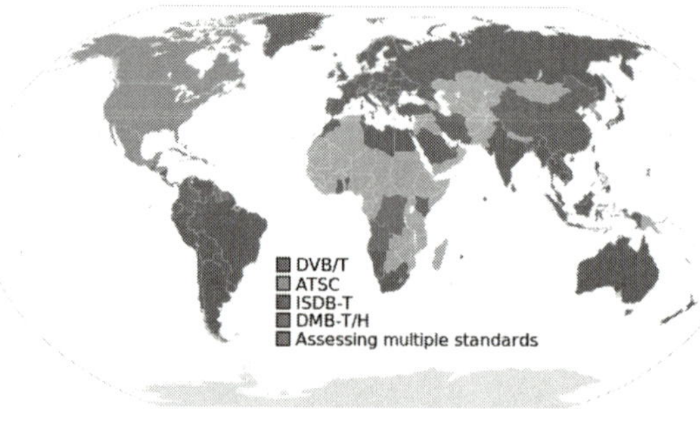


〈그림 2-6〉 전 세계 지상파 디지털 텔레비전 점유 현황

〈그림 2-7〉 디지털 TV 셋톱박스

송출, 수신의 과정을 거쳐 안방에서 시청하게 된다. 이에 따라 전 과정에서 디지털 방식이 적용돼야 한다. 미국과 한국이 채택한 디지털 TV 기술방식은 ATSC(Advanced Television Standard Committee), 이 방식은 디지털 영상신호와 음성신호를 각각 MPEG-2[4]방식과 돌비-AC3[5]방식으로 압축하도록 했다. 디지털 TV 화면의 선명도를 결정하는 주사선은 표준 디지털 TV(SDTV, Standard-Definition TeleVision)의 경우 480*740 또는 480*640, 고선명 디지털 TV(HDTV, High-Definition TeleVision)는 1080*1920 또는 720*1280이다. 40인치 이상이 될 화면의 가로와 세로의 비율은 영화관과 동일한 16대 9, 이에 따라 하나의 화면을 만드는데 SDTV는 100Mbps의 디지털 신호가, HDTV는 1.2Gbps의 신호가 필요하다. 지상파에 실어보내기에는 많은 양이다. MPEG-2는 이를 SDTV의 경우 2~3Mbps로, HDTV는 18Mbps로 압축해준다. 이 MPEG-2는 컴퓨터에서 동영상을 볼 때 활용되고 있다. 음성정보는 TV의 정면, 좌, 우, 좌후방, 우후방으로 나가는 채널 5개와 저음을 내보내는 0.1채널 등 모두 5.1채널용으로 구성 된다. 2채널뿐인 기존 스테레오와 비교해 2배 이상 많은 소리를 내보낼 수 있다. 프로그램 제작과정에서 녹음된 음성신호는 5분의 1로 압축돼 지상파에 실린다. 영상과 음성신호는 0과 1의 숫자로 표시해 레이저디스크[6] 등에 담을 수 있다. 그 만

4) MPEG-2(Moving Picture Expert Group-2) : MPEG이 정한 오디오와 비디오 인코딩(부호화)에 관한 일련의 표준을 말하며, ISO 표준 13818(13818-1은 시스템, 13818-2는 비디오 부호화, 13818-3은 오디오...)로 공표되었다. 일반적으로 디지털 위성방송, 디지털 유선방송 등의 디지털 방송을 위한 오디오와 비디오 정보 전송을 위해 쓰이고 있다.

5) 돌비-AC3(Dolby-Arc Consistency algorithm #3) : 돌비 연구소가 개발한 손실 오디오 압축 기술에 사용된 AC-3 알고리즘은 제약 만족 문제를 풀기 위한 일련의 알고리즘 중 하나이다. 1977년 앨런 맥워스가 고안하였다.

6) 레이저디스크(Laserdisc) : 영화를 저장하기 위한 최초의 상업적 광디스크 포맷이다. 아날로그 비디오디스크로 직경이 300 mm 두께는 1.8 mm이다.

큼 보관이 편리해진다.

방송국은 디지털 방식으로 프로그램을 제작하기위해 모든 장비를 디지털용으로 교체해야 한다. 따라서, 국내의 경우 KBS, MBC, SBS와 지역 민방들이 장비를 교체하는데만 많은 비용을 지불해야 한다. 방송국에서 제작된 프로그램의 디지털 신호는 지상파에 실려 안방에 전달된다. 안방에 디지털 TV가 있으면 곧바로 시청할 수 있다. 컴퓨터의 경우 디지털 방식이므로 수신용 기판만 추가하면 된다. 기존 아날로그 TV로는 디지털 방식 프로그램을 볼 수 없다. 이를 시청하려면 디지털 신호를 아날로그 방식으로 바꿔주는 셋톱 박스[7](<그림 2-7>)를 설치해야 한다. 그렇더라도 브라운관의 해상도가 낮아 제대로 된 선명한 화면을 볼 수 없다.

디지털 TV에서 데이터 방송은 최근 가장 각광을 받고 있는 분야인데 디지털 지상파 TV 방송국들은 현대 정보화 사회에서 포털사이트의 역할을 수행하는 충분한 준비가 되어 있다. 디지털 TV에 대한 논의 중 하나가 바로 이동 수신 기능에 대한 것인데, 디지털 지상파 TV 전송방식 중에서 유럽

[표 2-1] 디지털 지상파 TV 방식 비교

| 구분 | ATSC | DVB-T | ISDB-T |
|---|---|---|---|
| 영상부호화 | MPEG-2 | MPEG-2 | MPEG-2 |
| 음성부호화 | Dolby AC-3 | MPEG-2 | MPEG-2 |
| 오류정정 | Reed Solomon + Trellis Coded Modulation | Reed Solomon + Convolutional | Reed Solomon + Convolutional |
| 변조 | 8-VSB | COFDM | BST-COFDM |
| 반송파 | 단일반송파 | 다중반송파 | 다중반송파 |
| 대역폭 | 6MHz | 6,7,8MHz | 6MHz |
| 서비스 국가 전망 | 미국, 캐나다, 한국 | 다수국가 | 일본 |

7) 셋톱 박스(STB, SetTop Box) : 텔레비전에 연결되어, 외부에서 들어오는 신호를 받아 적절히 변환하여 텔레비전으로 그 내용을 표시해 주는 장치를 말한다.

의 DVB[8])방식이나 일본의 ISDB-T[9])는 초반부터 이를 가능하게 했다. 다음 [표 2-1]은 디지털 지상파 TV의 몇 가지 방식을 비교하였다.

## 2.4 홈 서버(Home Server)

2001년도 1월 라스베이거스에서 개최된 가전제품 전시회인 CES(Consumer Electronic Show)(〈그림 2-8〉)에서 최초로 제안한 개념으로서, *가정 내 여러 가지 가전제품들이 네트워크에 연결했을 때 네트워크의 중심적인 역할을 맡는 컴퓨터를 지칭한다.* 유비쿼터스 홈 서버는 다음과 같은 기능이

〈그림 2-8〉 http://www.cesweb.org/For-Exhibitors/Exhibit-at-CES.aspx

---

8) DVB(Digital Video Broadcasting) : 국제적으로 승인된 디지털 TV를 위한 공개 표준 규격이다. ATSC를 채택한 미국, 캐나다, 대한민국, 멕시코 등과 독자적인 표준을 채택한 일본을 제외한 세계의 대부분 지역에서 채택되고 있다. 한국에서도 위성방송사업자인 Sky Life TV는 DVB-S 표준으로 방송을 내보내고 있다.

9) ISDB(Integrated Services Digital Broadcasting) : 일본에서 개발한 디지털 텔레비전 및 디지털 오디오 방송 형식이다.

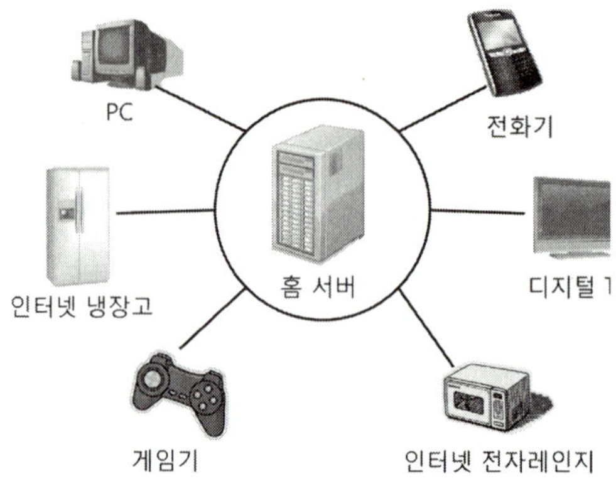


〈그림 2-9〉 홈 서버 구성도

필요하다.

- 관리기능 : 네트워크와 네트워크에 접속된 각각의 기기를 관리하는 일이다. 즉 네트워크에 새로이 접속되는 기기를 등록하거나 필요 없어진 기기를 삭제하는 일을 한다.

- 축적기능 : 가정의 네트워크를 돌아다니는 정보를 저장해 주는 역할이다. 특히, 영상이나 화상을 빈번하게 사용하게 되면 정보량이 급격하게 늘어나기 때문에 개개의 기기에 저장하면 효율성이 떨어질 수 있다. 따라서 유비쿼터스 네트워크에서는 홈 서버에 대용량의 기록 장치를 갖추고 필요에 따라 각 기기로 이를 전송해 사용하는 방식이 일반화될 것으로 보인다.

## 2.5 홈 보안(Home Security)

재산과 생명을 지키는 보안측면에서의 유비쿼터스 환경은 큰 수요가 예상된다, 유비쿼터스 컴퓨팅은 보안 분야에서도 활약이 클 것으로 기대된다. 예를 들어 집안에 도둑이 들었을 경우 센서가 이를 감지하여 자동으로 격퇴를 시켜준다던가, 화재가 일어날지 모르는 상황이 발생하면 자동으로 119에 연락을 하는 등의 서비스를 생각해 볼 수 있다.

홈 보안 분야에서 요구되는 기술이 *센서 기술*이다. 센서 기술에 대한 자세한 내용은 7장에서 자세히 언급한다. 현재, 인간의 존재를 감지하는 '인간감지 센서'나 창문 유리가 파손되었는지 여부를 검출할 수 있는 기술이 개발되어 있으며 부재중에 방문한 사람의 영상을 현관문에 설치된 텔레비전 카메라에서 촬영하여 휴대전화로 전송, 집주인이 바로 확인할 수 있도록 하는 시스템도 개발되어 있다.

## 2.6 홈 엔터테인먼트(Home Entertainment)

엔터테인먼트에서 가장 주목할 만한 키워드가 온 디맨드(On Demand)와 쌍방향성(Interactive)이라고 할 수 있다.

- 온 디맨드 : 20세기에는 방영시간에 맞추어 텔레비전이나 라디오를 즐겼으나 유비쿼터스 컴퓨팅이 진전되면서 주문형으로 음악이나 영화를 즐길 수 있다. 즉 홈 서버에 영상이나 음악을 저장하여 편한 시간에 이를 꺼내 감상할 수 있다.
- 쌍방향성 : 지금까지는 일방적으로 시청하는 입장이었던 텔레비전 프로그램에도 쌍방향 기능을 사용하여 직접 참여를 할 수 있다. 예를 들어 텔레비전의 리모컨을 통하여 입력된 시청자의 앙케트 결과를 네트워크를 통해 수집해 다시 프로그램 내에서 방송한다든지, 일반 가정의 영상을 텔레비전 방송국에 보내 프로그램을 만드는 방식을 말한다.

엔터테인먼트 서비스가 원활하게 제공되기 위해서는 네트워크 속도의 개선이 요구된다. 새로운 가정용 엔터테인먼트가 등장함에 따라 가정에도 광케이블을 중심으로 한 브로드밴드 네트워크가 급속하게 보급되었다.

## 2.7 홈 네트워킹(Home Networking)

*홈 네트워킹은 가정 내 다양한 정보기기들 상호간 네트워크를 구축하는 것이다. 즉, 가정 내부에서는 정보가전 기기들이 유무선 네트워크를 통해 상호 커뮤니케이션하고 외부에서는 인터넷을 통해 상호 접속이 가능한 환경을 구축하는 것을 의미한다.* 다음은 미래의 어느 날 우리의 일상이 될지도 모를 상황을 들여다보자.

"귀가한 주인공이 출근에 늦지 않도록 감미로운 음악과 함께 자동으로 창문커튼을 열어 방안 햇살가득 잠자리에서 일어나게 한다. 화장실 문을 여는 순간 손잡이에 장착된 센서는 혈압과 체온 상태를, 건강변기를 통해서는 당뇨 등이 점검되고 곧바로 주치의의 단말기에 전달되어 건강의 이상 유무를 알려준다. 또한 출근 준비를 하는 동안 오늘의 날씨와 주요 뉴스, 그리고 처리해야 할 일과 하루 스케줄에 대해 알려준다. 출근길, 휴대폰을 통해 깜빡 잊은 가스레인지와 불필요한 전원을 차단하고 외출방범 보안시스템을 가동시킨다. 동영상으로 출근길 교통상황을 제공받고 '보이스 포털' 기능이 내장된 자동차를 운전하면서 음성 명령으로 전자우편을 확인하고, 거래처에 관련 업무를 지시하면서 하루 일과를 시작한다. 퇴근시간, 집으로 향하면서 가정의 보일러나 에어컨을 작동시켜 적정한 온도로 맞추어 놓고, 집에 도착하면 바로 먹을 수 있도록 전자밥솥을 조작하고, 세탁물 처리를 위해 세탁기를 돌려놓는다. 또한 냉장고에 우유가 비면 바로 주문을 하고, 보고 싶은 영화를 인터넷을 통해 집안의 비디오로 전송시킨다. 잠자리에 누우면 쾌적한 수면을 위해 적정 온습도를 유지하도록 하며, 모든 전등이 꺼지고, 열려 있는 창문이 닫히고, 방범 기능이 작동한다."

이는 2000년 이후, '디지털 컨버전스(Digital Convergence)'의 급격한 진전에 따라 실현될 우리의 미래 생활모습으로, 영화에서만 볼 수 있었던 세계가 인터넷보급 확산과 정보통신기술의 발달로 현실의 세계에서 나타나고 있다. TV, 냉장고, 컴퓨터 등 가정의 모든 가전기기들이 상호 통신되는 것

〈그림 2-10〉 영화 "아일랜드"

은 물론 외부와도 아무런 어려움 없이 통신이 가능한 즐겁고, 편리하고, 안전한 디지털 세상, 이른바 '홈네트워킹' 세상, '유비쿼터스' 세상이 바로 그것이다.

영화 "아일랜드"를 보면, 주인공 링컨이 하루의 시작을 여는 장면에서 홈네트워킹 시스템을 볼 수 있는데, 오늘 날씨에 맞는 의상과 신발을 준비하고, 출입문 도어락은 ID카드 혹은 스마트 카드가 내장된 팔찌로 인증하여 여닫는 장면을 볼 수 있다(〈그림 2-10〉).

이처럼, 홈 네트워크는 IT 생활화의 핵심 인프라로 IT 생활화를 고도화하고 IT every-where 단계로 진화하기 위한 필수적인 단계로 세계 IT 업계는 본격적으로 IT 혜택을 받는 IT 비전 구현의 출발점을 가정으로 보고 있다. 국내의 경우 라스트 마일(Last-Mile)의 광대역화, 멀티 PC 보유 가정의 증가, 초고속인터넷 아파트의 확산 등으로 경제 · 사회 · 문화 등 여러 분야에 걸쳐 다양한 IT 서비스를 향유할 수 있는 환경이 구축되고 있다.

홈 네트워크 산업은 통신과 방송 융합, 유비쿼터스 사회로의 급물살 등 IT의 빠른 환경변화에 따라 디지털 방송, 지능형 로봇 등 신성장 동력 산업이 융합되는 IT 분야의 종합 예술과 같은 성격을 갖는 산업으로 개인의 라이프 스타일을 풍요롭게 하는 다양한 홈 디지털 서비스를 누구나 원하는 기기로 시간과 장소에 구애받지 않고 제공받을 수 있는 미래 지향의 가정환경을 제공한다.

홈 네트워크 산업은 초고속정보통신망의 궁극적인 결과라 할 수 있고, 국가 산업 전체에 미치는 파급효과가 매우 큰 산업 분야이며, 고품질의 다양한 통신 및 방송 서비스를 제공하여 정보문화의 확산 및 지역 간 계층 간 정보격차를 해소하고, 국민의 삶의 질을 획기적으로 향상시킬 수 있는 '마지막 1마일'(last 1mile)의 결정체가 될 것이다.

홈 네트워크는 다양한 기기들이 네트워크로 연결돼 새로운 가치를 창출하는 것이 목적인만큼 표준기술과 표준모델의 개발은 필수불가결하다. 현재 홈 네트워크와 관련하여 상당히 많은 표준과 기술들이 존재하며 새롭게 개발되는 기술과 제정되고 있는 표준 규격들도 많다. 이와 같은 다양한 기술과 표준들에 대해 홈 네트워크 산업 활성화를 위한 수용 및 응용 활동과 더불어 선도할 수 있는 기술개발 과제의 발굴 또한 해결해야 할 과제로 남아있다.

우리나라는 세계 최고수준의 초고속 정보통신 인프라 및 밀집형 주거형태 등 홈 네트워크 산업이 조기에 활성화 될 수 있는 좋은 여건을 갖추고 있다. 따라서 현재 진행 중인 국내 및 국제 표준화 활동과 더불어 방송, 가전, 서비스 등 우리나라가 국제 경쟁력을 확보한 영역을 중심으로 사업자 간 협력체계를 구축하고, 홈 네트워크 인증센터를 통한 인증체계 구축 및 시범사업을 통한 기술 및 서비스 검증, 법, 제도 개선 등을 추진하면 홈 네트워크 산업을 활성화하고 국민의 디지털라이프를 실현하는 핵심 산업이 될 것으로 전망한다.

## 2.8 UWB(Ultra-WideBand)

*UWB는 가정에서 컴퓨터와 디지털카메라, 디지털 TV 등의 광대역 정보가 필요한 가전기기들끼리 자발적으로 통신을 주고받을 수 있는 광대역 무선기술과 사물과 환경의 변화를 실시간 감지, 추적하는 특정 용도의 센서간의 저 전송속도로 네트워크 하는 무선 기술을 동시에 만족시킬 수 있다.*

UWB 무선기술은 디지털 부호 정보를 nano second이하의 매우 짧은 폭을 가지는 임펄스[10] 신호로 변환해서 무선으로 전송하는 기술로서 광통신과 같은 수백 Mbps(Mega bit per second)의 초고속통신이 가능하며 매우 낮은 송신전력의 사용으로 배터리가 기존 무선통신방식보다 수십 배 이상 오래 사용할 뿐 아니라 송수신 장치도 획기적으로 소형화 할 수 있어 기존의 무선통신 한계를 극복

10) 임펄스(impulse) : 극히 짧은 시간동안 큰 진폭으로 나오는 전압이나 전류 또는 충격파를 말한다.

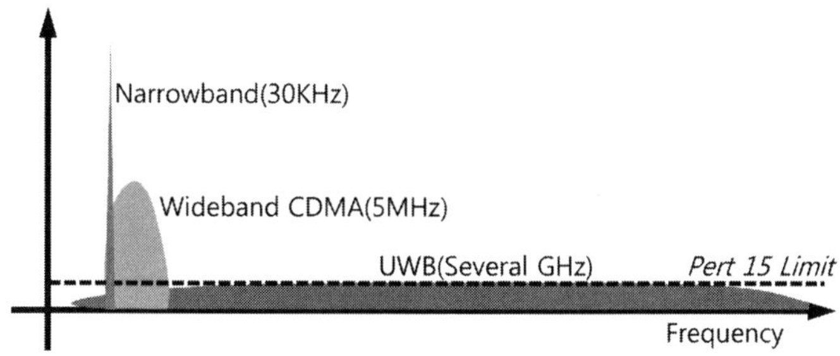


〈그림 2-11〉 협대역, 광대역 CDMA, UWB 스펙트럼 비교

할 수 있는 기술이다. 이를 기존의 협대역 시스템 및 3G 셀룰러(3-Generation Cellular) 기술로 설명되는 광대역 시스템과 구분하기 위해 중심 주파수의 20%이상의 점유 대역폭을 차지하는 시스템, 혹은 500MHz이상의 점유 대역폭을 차지하는 무선 전송 기술을 UWB라고 정의하고 있다. 〈그림 2-11〉은 협대역, 광대역 CDMA, UWB 스펙트럼을 비교한 것이다.

또한, UWB의 특성을 다음과 같이 정리할 수 있다.

- 광대역성 : 점유 대역폭이 최소 500MHz이상이 되므로 통신이론상으로도 전송용량은 전송속도에 비례하여 증가하므로 점유 대역폭을 증가하면 할수록 광대역 용량을 제공할 수가 있게 된다.

- 송수신기의 소형화, 저 전력화, 저 가격화 : 같은 기저대역에서의 직접 변화에 의한 방식을 사용하므로 협대역 통신 방식과 달리 송/수신기에서의 주파수 천이 과정(Carrier-Free)이 필요치 않으므로 구성이 상대적으로 간단하다. 이러한 UWB 시스템의 간단한 구조는 저 가격화를 시킬 수 있을 뿐 아니라 기존 통신보다 저 전력 소비를 가능하게 하고 있다.

- 정밀한 위치 인식 및 추적이 가능 : 매우 짧은 펄스를 이용한 레이더에서 진화하여 통신에 적용된 방식으로 짧은 펄스에 의한 분해 능력을 이용하여 cm 정도의 정밀도를 구현할 수 있다.

이러한 특성은 UWB와 경쟁관계에 있는 타 기술에 비해 확실한 비교우위를 점할 수 있는 분야이며 유비쿼터스 환경에서 반드시 요구하고 있는 특성이기도 하다. UWB 시스템은 기본적으로 매우 넓은 주파수 대역폭에 매우 낮은 전력을 이용하여 통신을 하므로 기존 협대역 시스템과의 공유가 용이하고 현재 개발되고 있는 다른 무선 데이터용 통신 시스템에 비해 월등히 높은 데이터 전송률

〈그림 2-12〉 Phone to Phone 방식

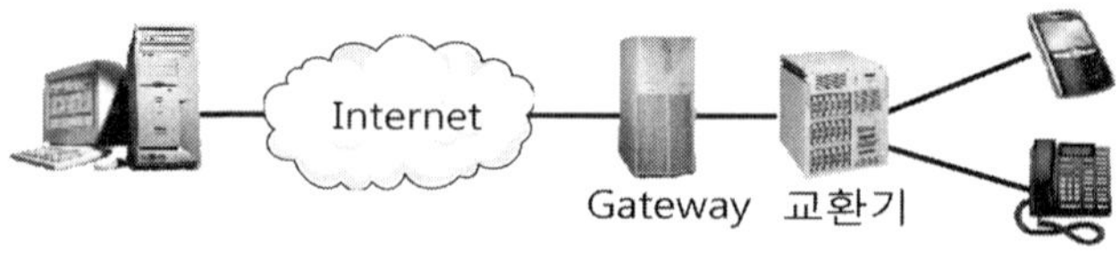


〈그림 2-13〉 PC to Phone 방식

을 제공할 수 있다. 이러한 UWB 기술은 휴먼 인터페이스를 비롯하여 미래 정보가 전용 홈 네트워크, WLAN[11], WPAN[12] 등 구축에 유용하게 사용될 것으로 기대되며, 이외에도 자동차용 ITS(Intelligent Transport System) 통신 산업분야에서의 물류 공장기계 컨트롤, 자동차 충돌방지, 산업용 거리 측정기, 초정밀 3차원 레이더, 보안감시, 재난구조 및 의료기기에도 광범위하게 활용되는 것으로 예상된다.

## 2.9 인터넷 전화(IP Telephony)

*인터넷 전화는 일반적으로 음성을 데이터 신호로 변조하여 인터넷 회선을 통하여 전화 통화를 가능케 하는 것을 말한다.* 또한 사설 혹은 공중 인터넷 망의 구분 없이 IP망을 이용하거나 혹은 패킷 교환방식[13]으로 전송되는 음성전화를 통칭하는 것으로 한다. 사용하는 망의 종류에 따라 인터넷 전

11) WLAN(Wireless Local Area Network) : 두 대 이상의 컴퓨터가 선 없이 연결한 상태로, 무선으로 된 로컬 영역 네트워크를 일컫는다.

12) WPAN(Wireless Personal Area Network) : 무선 개인 통신망

13) 패킷 교환방식(Packet switching) : 작은 블록의 패킷으로 데이터를 전송하며 데이터를 전송하는 동안만 네트워크 자원을 사용하도록 하는 방법을 말한다. 정보 전달의 단위인 패킷은 여러 통신 지점을 연결하는 데이터 연

[표 2-2] 인터넷 전화 서비스의 구분

| 구분 | 내용 | | |
|---|---|---|---|
| 협의 | PC to PC | 고객장비 | 송수신에 필요한 PC, 모뎀 장착 노트북이나 PC |
| | | 인터넷접속 | 송수신자 인터넷접속(모뎀 다이얼업이나 LAN) |
| | | 규제문제 | PS수 접속 불필요 |
| | PC to Phone | 고객장비 | 한쪽만 PC 필요 |
| | | 인터넷접속 | 한쪽이 인터넷 접속 |
| | | 규제문제 | 한쪽이 PSTN 접속 |
| | Phone to Phone | 고객장비 | 일반전화 |
| | | 인터넷접속 | 인터넷 접속 필요 없음(게이트웨이가 망 접속 제공) |
| | | 규제문제 | 양쪽 PSTN 접속(재판매에 민감한 국가 규제 대상) |
| 광의 | 위에서 언급한 서비스 외에<br>PC to fax, fax to fax 서비스와 인터넷 회의, 메시지 통합 처리 포함 | | |

화를 구분하는 용어들이 여러 가지 존재한다[표 2-2].

인터넷전화의 서비스 발전 단계는 다음 3가지로 구분할 수 있다.

- Phone to Phone 방식 : 1998년 Phone to Phone 국제 전화를 시작으로 인터넷 전화가 제공되기 시작했다. 인터넷 전용회선으로 국제구간을 연결하여 서비스를 제공하는 형태이다. 이것은 기존의 PSTN[14] 전화 가입자가 사업자 식별번호를 이용해서 발신하고 착신함으로 별도의 가입자번호는 필요 없다. 사업자들이 시외 혹은 국제전화 식별번호를 정부로부터 부여받아 서비스를 제공하는 형태다(〈그림2-12〉).

---

결 상의 모든 노드들 사이에 개별적으로 경로가 제어된다. 이 방식은 통신 기간 동안 독점적인 사용을 위해 두 통신 노드 사이를 연결하는 회선 교환 방식과는 달리 짤막한 데이터 트래픽에 적합하다.

14) PSTN(Public Switched Telephone Network, 공중교환전화망) : 세계의 공중 회선 교환 전화망들이 얽혀있는 전화망으로 세계의 공공 IP 기반 패킷 교환망인 인터넷과 방식이 매우 닮아 있다. 원래 고정 전화의 아날로그 전화망이었던 PSTN은 이제 거의 완전히 디지털이 되었으며 현재 고정 전화뿐 아니라 휴대 전화를 아우른다.

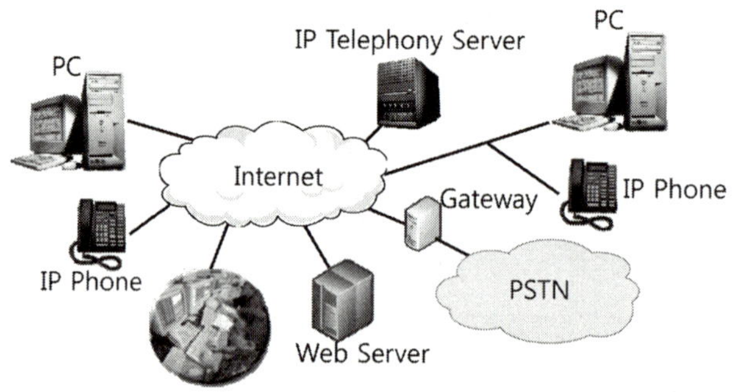


〈그림 2-14〉 IP Phone 망 구성도

〈그림 2-15〉 http://www.dial070.co.kr/company/history.html

- PC to Phone 방식 : 2000년 새롬기술의 무료 인터넷 전화 서비스인 다이얼패드가 시장에 등장하였다. PC를 통하여 다이얼패드(〈그림 2-15〉)의 홈페이지에 접속하여 전화를 발신할 수 있었으며, 사업자는 광고를 통하여 매출을 올리고 통화비용을 무료로 하는 사업 모델을 초기에 채택했었다(〈그림 2-13〉).

- IP Phone/기업용 솔루션/부가기능 추가 : *IP Phone*은 2001년 이후 PC to PC 방식 발신전용

서비스에서 IP Phone 등을 활용하여 발신과 착신이 모두 가능한 인터넷 전화 서비스들이 별정통신 사업자들을 중심으로 시장에 속속 등장하였다. IP Phone은 단말기에 인터넷 회선을 곧바로 연결하여 사용하는 것이다(〈그림 2-14〉). *기업용 솔루션*은 기업고객을 위해서는 기업용 솔루션이 개발되고 있다. 대표적인 것이 소용량 게이트웨이를 통해서 발신만 인터넷회선으로 가능케 함으로써 통신비용을 절감하게 하는 것이며, 상황에 따라 PSTN 전화와 인터넷 전화를 번갈아가며 사용할 수 있게 하는 서비스도 개발되었다. 기업용 솔루션은 본사와 지사 간 통화 혹은 본사와 지역 지사 간 연결이 필수적인 기업들을 중심으로 퍼져가고 있기도 하다. 마지막으로 *부가기능 추가*는 PC to Phone 인터넷 전화의 사용상 불편함과 유료화 등을 이유로 인터넷 전화 시장의 대세가 IP Telephony 쪽으로 기울자 사업자들은 기존 서비스에 여러 가지 부가기능을 추가하고 있다.

## 2.10 지능형 서비스 로봇

*지능형 로봇은 센서를 이용하여 외부환경을 인식하고, 환경 모델을 이용하여 스스로 상황을 판단하고 자율적으로 동작하는 장치이다.* 기존 제조업용 로봇도 정보수집(Sensing), 동작계획(Planning), 동작실행(Action)으로 구성되어 있으나, 기존 단순 제조공정과는 비교할 수 없을 정도로 복잡하고 가변적인 동작 환경에서 임무를 완수해야 할 지능형 로봇은 시청각 및 촉각을 비롯한 다양한 환경 센서 정보를 융합하여 상황의 복잡도와 가변성을 해결하기 위한 인공 지능 기술을 적극적으로 활용한다.

지능형 로봇의 적용 분야는 폭 넓고 다양하며, 이들은 크게 다음의 세 가지로 구분된다.

- 개인서비스용 : 홈서비스, 실버라이프, 여가지원, 교육 등
- 전문서비스용 : 공공서비스, 의료, 사회 안전, 국방, 농수산업, 광업, 건설, 우주, 해양, 원자력
- 제조업용 : 자동차, 전자제품, 디스플레이, 반도체 제조, 바이오 신약, 초소형·초정밀 제조

기존 제조업용 로봇산업 선두국인 미국, 일본, 유럽 및 한국은 기술로드맵 또는 장기 개발 계획

[표 2-3] 로봇산업 선두국들의 기술과 그 특징

| | 정책 주도 기관 및 로드맵 | 강점 기술 | 산업특징 |
|---|---|---|---|
| 국내 | 지경부/교과부등<br>지능형 로봇 5개년 기본 계획<br>지능형 로봇 개발 및 보급촉진법 | 제조용 로봇, IT | 비제조용 지능형 로봇의 경우 중소기업 중심으로 시장 성장 |
| 미국 | 국방고등연구소<br>국가로봇기술로드맵( '09.05) | 인공지능, 이동 | 원처기술 연구개발 과정에서 파생된 기술을 상용화하여 성공 모델을 창출 |
| 일본 | 경제 산업성<br>로봇전략기술로드맵( '09.04) | 제조용 로봇, 부품 | 혼다등 대기업이 로봇 연구 주도 |
| EU | EC( 07∞13)<br>EUROP(Europen Robotic Platform)의 전략적 연구분야 발표( '09.07) | 로봇 팔/손 | 다국적 기업이 주도 |

을 발표하면서 지능형 로봇산업의 기술과 산업을 선도하고 있다. 특히 미국의 경우는 의료와 국방에서 성공 사업 모델을 창출하고 있다. 다음 [표 2-3]은 로봇산업을 선도하는 국가들의 기술과 그 특징을 나타내었다.

국내에서는 현재 로봇시장이 있거나 미래 시장이 성장할 것으로 전망되는 5개 로봇제품군을 선정하고 로봇을 제품화하는 기술을 개발하고 있으며, 서비스 로봇을 산업화하는데 필수적인 4개 원천기술과 플랫폼을 개발하고 있다.

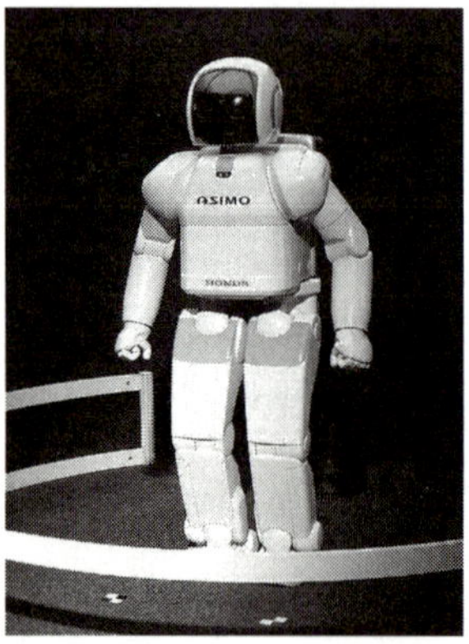


〈그림 2-16〉 일본의 아시모(Asimo) (http://world.honda.com/ASIMO/)

〈그림 2-17〉 한국의 알버트 휴보(Hubo) (http://hubolab.kaist.ac.kr/index.php)

〈그림 2-18〉 미국의 빅독(BigDog) (http://www.bostondynamics.com/robot–bigdog.html)

- 스타브랜드 : 청정 생산용 첨단 제조 로봇 시스템, 창의적 에듀테인먼트 로봇, 고부가 의료 서비스 로봇, 지속가능 사회 안전 로봇 시스템, 라이프 케어 로봇
- 원천기술 : 이동지능, 작업지능, 인간-로봇교호기술, 액추에이터[15], 플랫폼(S/W, H/W)

산업용 로봇을 제외한 로봇 개발 분야는 휴머노이드[16]개념으로 일본의 아시모(〈그림 2-16〉), 한

15) 액추에이터(actuator) : 전기, 유압, 압축공기 등을 이용하는 구동장치의 총칭으로, 보통 유체 에너지를 이용해서 기계적인 작업을 하는 기기를 말한다.

〈그림 2-19〉 ETRI의 휴머노이드 ETRO 모습과 내부 배선 (http://www.embeddedworld.co.kr/atl/view.asp?a-id=5082)

국의 휴보(〈그림 2-17〉)가 있으며, 군사용 로봇인 보스턴 다이나믹스에서 개발한 빅독(Bigdog)(〈그림 2-18〉)이 주종을 이루고 있다. 위드로봇에서도 ETRI 의뢰를 받아 하체는 전방향 이동 가능한 모바일 로봇(omni-directional mobile robot) 형태이며, 상체는 사람과 유사한 양팔을 가진 로봇을 개발하였다(〈그림 2-19〉).

로봇 시스템은 임베디드 기술의 총집합이기에 각종 임베디드 보드가 내장된다. 이렇게 다양한 제어 보드가 내장되다 보니 로봇 시스템에서는 각 모듈들의 배선이 매우 중요해 진다. 〈그림 2-19〉의 사진을 보면 외피로 깔끔하게 쌓여 있지만 실상 내부는 무척이나 많은 배선들로 뒤엉켜 있으며, 생각보다 이 배선들이 무겁고 많은 문제를 발생시킨다.

현재 대부분의 로봇 개발자들은 모션 제어기 쪽에서는 CAN[17] 인터페이스를 사용하고 있으며, 기타 다른 모듈간의 통신은 상황에 맞는 인터페이스를 선택적으로 사용한다. 이렇다 보니 통일된 로봇 하드웨어 플랫폼, 아키텍처는 찾아보기 어려운 실정이다. 다행히 소프트웨어 쪽에서는 다양한

16) 휴머노이드(Humanoid) : 인간의 형태를 모습으로 한 로봇을 의미한다. 형태뿐 아니라, 인간과 같은 인식기능, 운동기능을 구현하기 위해서는, 로봇기술의 총체적 발전이 궁극을 이루어야 하기 때문에 가장 고난도의 지능형 로봇이라 할 수 있다.

17) CAN(Controller Area Network) : 자동차의 각종 계측 제어 장비들 간에 디지털 직렬 통신을 제공하기 위한 차량용 네트워크 시스템을 말한다. 차량 내 전자 부품의 복잡한 전기 배선과 릴레이를 직렬 통신선으로 대체하여 지능화함으로써 중량감과 복잡성을 줄이고, 차량에서의 실시간 요구를 만족시킨다. 또한 전자적 간섭에 의해 일어나는 이상 유무를 진단하고, 운전 중 돌발 상황 시 유기적으로 통신할 수 있다. ISO 표준 규격(ISO 11898)으로서 첨단 자동차 전장 시스템에 적용되며 엔진 관리, ABS(Anti-lock braking systems), 공조 장치, 문 잠금장치, 거울 조정 등의 시스템 통합이 가능하다.

시도가 계속되어 어느 정도 가시적인 결과가 나오고 있지만 하드웨어 분야의 표준화는 요원한 상태이다.

특히, 휴머노이드 분야는 아직까지 걷고 뛰고, 넘어지면 일어서기 등의 기본 동작 구현에 치중하고 있어 이러한 논의는 부차적인 것으로 치부되곤 한다. 하지만 각 모듈의 세부 기술들이 완성되면 이들을 하나로 엮는 인터페이스 기술이 핵심 화두로 떠오르게 될 것이다.

CHAPTER 03

# Mobile's Ubiquitous

# CHAPTER 03 Mobile's Ubiquitous

최근, 스마트폰의 대중화로 인해 모바일 기기에 대한 관심이 급증하고 있다. 본 장에서는 모바일 장치의 현황과 국내 무선망의 현황으로 HSDPA, Wiro, LTE에 대해서 자세히 살펴본다. 또한, 관련 사례로 모바일 뱅킹과 게임에 대해서 알아본다.

모바일 장치는 주머니에 쏙 들어갈 만한 크기의 컴퓨터 장치로, 일반적으로 터치 입력을 가진 표시 화면이나 소형 자판을 갖고 있다. 모바일 기기, 휴대용 기기, 모바일 장치(mobile device)라는 용어도 통용된다. 모바일 장치는 시간과 장소에 제약 받지 않고, 쉽게 휴대하여 이동 중에 동영상, 음성, 인터넷 등의 멀티태스킹[1] 작동이 가능한 장점을 가지고 있으며, 그 예로는 넷북[2], UMPC[3], 스마트 폰, 아이팟(iPod), 아이폰(iPhone), 아이패드(iPad), PDA, 갤럭시폰, PMP[4], MP3, 전자사전, 보카마스터 등이 있다. PDA의 경우 입출력이 모두 터치스크린 인터페이스에 있다. 스마트폰과 PDA는 전통적인 컴퓨터의 편리함과 도움이 필요하면서도 컴퓨터를 갖고 다니기 현실적으로 쉽지 않은 사람들에게 인기가 있다.

---

1) 멀티태스킹(Multitasking) : 다수의 작업이 중앙 처리 장치와 같은 공용자원을 나누어 사용하는 것을 말한다. 엄밀히 말해 한 개의 CPU를 가진 개인용 컴퓨터가 특정 순간에 수행할 수 있는 태스크의 개수는 하나뿐이다. 따라서 멀티태스킹은 스케줄링이라는 방식을 사용하여 컴퓨터 사용자에게 병렬 연산이 이루어지는 것과 같은 환경을 제공한다.

2) 넷북(NetBook) : 'Internet'과 'Notebook'의 합성어로 웹사이트의 콘텐츠 열람이나 전자 우편 · 채팅 정도의 기본적인 인터넷 위주의 작업을 이용하는 것을 목적으로 한, 상대적으로 값이 싸고 가벼운 노트북을 말한다. 비슷한 컴퓨터로 데스크톱 컴퓨터인 넷톱(Nettop)이 있다.

3) UMPC(Ultra Mobile PC, 오리가미 프로젝트) : 폼팩터 태블릿 PC를 위한 규격이다. "오리가미"는 종이접기를 뜻하는 일본어 낱말이며 마이크로소프트, 인텔, 삼성 등이 합동하여 개발하였다.

4) PMP(Portable Media Player) : 디지털 미디어를 재생하고 저장할 수 있는 전자 기기이다. Portable Video Player라고 부르기도 한다. 그림을 보여 주고 동영상을 재생하는 MP3 플레이어를 PMP라고 부를 수도 있다. MP3 플레이어와 비슷하게, 데이터는 보통 하드 드라이브나 마이크로드라이브 또는 플래시 메모리에 저장된다. 휴대전화와 같은 다른 종류의 전자 기기는 재생 기능에 따라 PMP라고 부르기도 한다.

## 3.1 모바일 장치 현황

### 3.1.1 모바일 장치 정의 및 분류

*모바일(Mobile)은 본래 '움직일 수 있는'이라는 뜻이며 일반적으로 모바일 장치라 하면, 로봇과 같이 자율적으로 움직이지는 못하지만 사람, 차량, 배, 비행기, 모터사이클 등과 같은 이동체에 부착되어 움직일 수 있는 장치를 뜻한다. 하지만, 요즘은 이런 의미로는 거의 사용되지 않고 휴대전화와 MP3, PDA등과 같이 손으로 들고 다닐 수 있는 가벼움과 작은 것을 특징으로 한다.*

모바일 장치의 대표주자인 휴대전화는 우리나라에서 '핸드폰', '휴대폰', '휴대전화'라는 세 가지 이름으로 함께 쓰인다. '핸드폰'이라는 말은 독자적인 한국어식 영어이지만 필리핀, 말레이시아, 싱가포르 등의 동남아시아 영어에서도 흔히 사용하는 말이며, 독일에서도 비슷한 발상으로 'Handy'라고도 한다. 휴대전화는 영어로 'Cellular Phone', 'Cell Phone', 'Mobile Phone'과 같이 쓰이는데 Cellular Phone과 Cell Phone은 기계의 속성을 묘사하는 것이고, Mobile Phone은 자유로운 이동이라는 편리함을 부각시킨 것이다. 그에 비해 핸드폰, 휴대폰, 휴대전화는 그 기계와 인간의 신체 사이의 관련성에 착안한 용어라고 할 수 있다.

이동전화나 이동전화기라는 말도 문서상으로는 많이 쓰인다. 우리나라에서 휴대전화라는 이름이 더 쓰이게 된 것은 Mobile Phone의 'Mobile'이 이동 가능한 이란 뜻이기 때문에 번역 상으로는 이동전화 쪽이 Mobile Phone의 의미에 가까우나 휴대전화 상용화가 빨랐던 일본식 표현의 영향으로 보인다. 현재는 핸드폰, 휴대폰의 용어가 휴대전화로 공식적으로 순화되었기에 휴대전화라는 용어를 사용한다.

다음 [표 3-1]은 모바일 장치의 사용목적에 따라 구분한 것이다. 모바일 장치는 기능적인 측면에서 커뮤니케이션의 형태와 기록 및 정보 취급 형태, 엔터테인먼트 형태로 구분할 수 있다.

[표 3-1] 모바일 장치의 사용 목적에 따른 분류

| 사용 목적 | 종류 |
|---|---|
| 커뮤니케이션 | 휴대전화, 무선호출기, 무선인터넷<br>(피처 폰, 스마트 폰, PDA, 노트북 컴퓨터, 테블릿 PC) |
| 기록 및 정보취급 | 디지털 카메라, 캠코더, 전자사전, PDA, 노트북, 넷북, 이북(e-Book), 내비게이션 (GPS), 스마트 폰 |
| 엔터테인먼트 | MP3, PMP, PSP, CDP, 휴대용 카세트, 휴대용 게임기, 닌텐도DS, 아이팟, 아이패드, 갤럭시탭, 스마트 폰 |

## 3.1.2 모바일 장치 서비스 현황

사람들은 뉴미디어의 대표주자로 당연히 모바일을 뽑고 있다. 이는 매일 언론을 장식하는 새로운 기술과 이것이 가져다 줄 새로운 생활에 대한 기대가 그만큼 크다는 것을 의미한다.

### 3.1.2.1 쌍방향 커뮤니케이션 매체

우리의 실생활 속에서 24시간 30센티미터 이내에서 늘 함께 생활하는 모바일이야말로 가장 친숙한 매체로 발전할 가능성을 가지고 있다. 그리고 최근에는 모바일을 활용한 많은 마케팅 성공 사례도 이를 반증해 주고 있다.

이것은 과거의 일방통행 식의 캠페인이 아닌 고객이 적극적으로 참여할 수 있는 쌍방향의 커뮤니케이션을 원하고 있기 때문이다. 모바일은 정보량에는 타 매체보다 부족했던 이전과는 달리 스마트 폰의 활성화로 인해 정보량의 증가가 눈에 띄게 상승하고 있으며, 최적의 타깃팅, 상호작용, 실시간의 정보전달, 휴대성 등에서도 타 매체를 압도한다. 온라인게임을 하는 모바일 게임, 영화를 실시간으로 보는 모바일 영화, 휴대전화에서 인터넷에 접속하여 입출금 등의 은행 업무를 보는 모바일 뱅킹 등 다양한 서비스가 제공되고 있다. 또한, 휴대전화와 PDA, 노트북컴퓨터 등의 장점을 이용한 제품이 개발되고 있으며 모바일 비즈니스와 모바일 마케팅, 모바일 전자화폐, 모바일 전자정부 등 새로운 모바일 서비스가 생겨나고 있다.

휴대전화도 음성만을 지원하던 전통적인 방식과 달리, 텍스트, 그래픽, 사운드, 데이터, 비디오 등

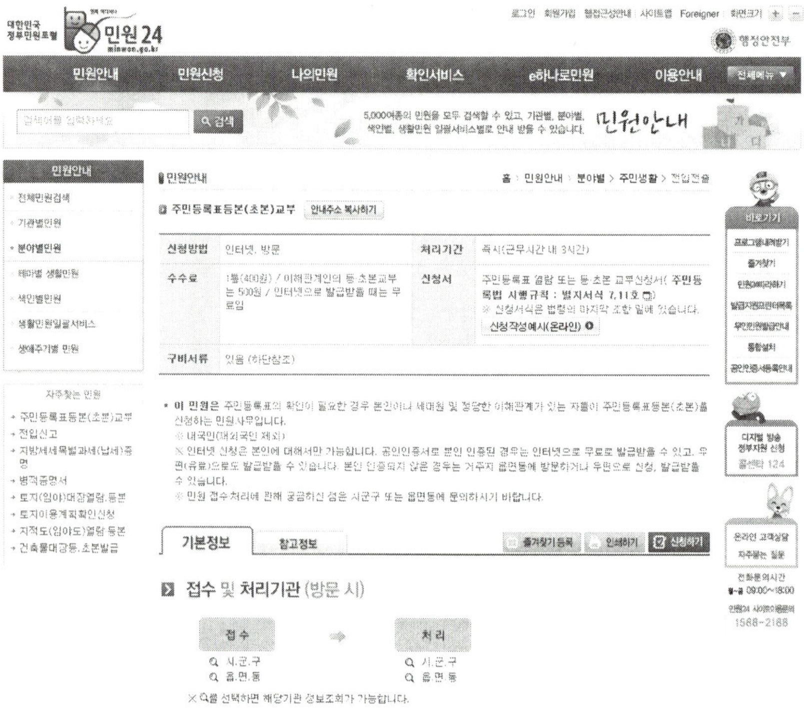

〈그림 3-1〉 http://www.minwon.go.kr/

다양한 미디어를 지원하고 있다. *휴대전화에서 지원하는 문자 서비스는 40자 정도의 문구로 메시지를 전달하는 단순한 SMS(Short Message Service)* 방식에서 벗어나 한 단계 발전한 MMS(Multimedia Messaging Service) 방식도 등장하였다.

*MMS는 사용자의 멀티미디어 서비스 요구에 부응할 수 있는 대용량 데이터 전송서비스로 이미지, 사진, 음악, 동영상의 다양한 멀티미디어 메시지 전송이 가능하다.* 모바일과 사용자 사이의 상호작용 비중이 급속히 확대되고 있는 것이다. SMS는 1998년 국내에 처음 서비스가 실행되었으며, 2005년 하반기 이후로 SMS의 발신량이 음성통화의 발신량을 압도하는 범용적인 서비스로 자리 잡았다. 문자사용이 확대되면서 시니어 고객을 위한 문자, 일정 읽어주기, 문장 자동완성, 돋보기 기능이 탑재된 휴대전화도 등장했고, 2008년에는 '모바일 메신저'가 서비스 되었다. 이것은 상대방의 휴대폰 번호만 알면 바로 대화를 걸 수 있는 휴대전화 메신저로, SMS보다 그룹 대화 등 실시간 대화 기능이 강화되고 '이모티콘', '플래시콘', '대화명' 활용을 통해 감성적 표현이 가능하여 평소 SMS를 대화

하듯 사용할 수 있다.

2009년 '월드 베이스볼 클래식(WBC)' 때에는 '실시간 문자 중계' 서비스가 등장하여 한국 대표팀의 경기를 모바일을 통해 즐길 수 있었다. 정부 기관도 SMS를 잘 활용하고 있다. 현재 공공기관의 민원처리에서도 토지(임야)대장 열람 및 등본 교부(〈그림 3-1〉), 건축물대장 등초본 발급 및 열람 신청, 개별 공시지가 확인 등이 휴대전화로 가능하다. 이동통신사에서는 SMS 수신동의자 DB로 광고주가 원하는 대상에 발송 가능하며 ARS[5], 고객센터, 무선인터넷 등 다양한 경로 또는 매체와의 연계가 가능하다. 수신자의 개봉률, 접속률을 측정하여 광고주에게 공보 되므로 집행 때 효과 측정이 쉽다. 이를 이용해 휴대전화를 이용한 모바일 마케팅이 활성화되고 있는 것이다. 이는 지역과 연령, 성별에 따라 적절한 대상 추출이 가능하며, 그 외에 휴대전화 기종, 휴대전화 요금제, 콘텐츠별 무선인터넷 이용 패턴 그리고 통화패턴의 분석을 통해 더 세분화된 타깃층을 공략할 수 있다는 장점이 있다. 또한, 즉각적인 행동을 유도하는 캠페인이 가능하다. '핫넘버'나 '핫코드', 'WINC'[6], '바코드'[7], 'QR코드'[8] 등을 활용하여 고객에게 휴대전화 참여 사이트를 알림으로써 접속을 유도하는 방식이 사용되고 있다.

휴대전화 무선인터넷은 유선인터넷과 환경적으로 크게 다른 점이 있다. 자판배열과 LCD[9] 화면 크기에서 PC와는 사뭇 다르다는 것이다. 이로 인해 초기에는 휴대전화 자판배열이 PC 키보드만큼 다채롭지 못하므로 유선인터넷처럼 원하는 URL[10]을 직접 입력해 넣는 일이 다소 번거로워 이런 불편함을 없애고, 전화번호같이 7~8자리 이내의 숫자를 잘 기억하고 인식하는 사람들의 습관에 기인하여 사용자 편리성을 도모하기 위해 핫넘버가 등장하였다. 핫넘버 외에 무선 이벤트로 손쉽게 직접 연결하는 방법은 핫코드다. 핫코드는 번호를 소비자가 기억하지 않아도 되는 편리함을 제공하는 반면, 인쇄된 상태에서만 활용이 가능한 제약이 있다. TV광고나 신문, 잡지, 라디오, 판촉물 등 어

---

5) ARS(Automatic Response System) : 음성으로 된 각종 정보를 기억장치에 저장하여 사용자가 원하는 정보를 자동으로 전달하는 시스템이다.

6) WINC(Wireless Internet Number for Contents) : 복잡한 URL 대신 간단한 숫자로 무선인터넷에 접속할 수 있도록 하기 위해 한국인터넷진흥원(NIDA)과 이동통신 3사가 공동으로 지원하는 모바일 주소이다.

7) 바코드(BarCode) : 흑백의 막대형 마크(바)로 숫자 등의 코드를 표시한 것이다. 이 막대기 부호는 컴퓨터가 처리할 수 있도록 되어 있다.

8) QRcode : 2차원코드의 일종으로 인식하기 쉬운 코드를 주목적으로 제작했으며 가로, 세로 두 방향으로 정보를 가지며 기록할 수 정보량을 비약적으로 증가시킨 코드이다.

9) LCD(Liquid Crystal Display) : 전력이 적게 소모되기 때문에 휴대용 장치에 많이 쓰인다.

10) URL(Uniform Resource Locator) : 네트워크상에서 자원이 어디 있는지를 알려주기 위한 규약이다.

떤 미디어에라도 핫넘버나 핫코드를 함께 노출하면 호기심을 가진 고객은 본인의 휴대전화로 바로 접속할 수 있다. 핫넘버와 핫코드는 무선인터넷 페이지로 가는 단계를 한 번으로 줄여줄 뿐 아니라, 소비자의 뇌리에 큰 부담 없이, 기존의 미디어에 더하여 모바일이라는 매체를 자연스럽게 추가하는 기능을 함께 수행한다. 핫코드의 활용 사례는 꽤 다양한데, 비즈니스 명함, 영화포스터, 잡지, 와인 병 백 라벨, 극장용 모바일 티켓, 신문 기사, 서적 등 매우 다양하다. 영화 포스터에 인쇄된 핫코드를 통해서는 영화에 대한 줄거리, 예고편 상영 및 예약 기능 등으로 활용할 수 있고, 극장 출입구에서는 모바일 입장권으로도 활용이 가능하다. 또 잡지의 상품 사진 옆에 핫코드를 노출하여 소비자가 흥미를 느낀 상품에 바로 주문을 내도록 제공할 수도 있다. 2008년에는 이러한 휴대전화 자판 배열의 단점을 보완하기 위해 키보드의 자판 배열과 같은 쿼티(Qwerty) 자판이라 불리는 키패드를 가진 슬라이드형 풀 터치스크린 폰이 등장하였다. PC 키보드만큼 편하게 타이핑을 할 수는 없겠지만, 기존의 키패드보다 URL을 입력하기 편리하다.

SMS와 MMS를 활용한 쿠폰이나 샘플링은 이미 일반화 되어 있으며 VM[11], 플래시 등을 이용한 콘텐츠, 그리고 모바일 상품권이나 통화 상품권들이 기존 판촉물 시장을 대체해 가고 있다. 온라인에서 상품을 구매, 결제하면 휴대전화로 모바일 쿠폰이 전송되는데 구매 시 매장에 보여주면 실물과 교환할 수 있다. 다른 사람에게 문자메시지 형태로 선물할 수도 있다. 처음에는 이러한 광고를 데이터 패킷 요금 때문에 많은 광고주가 주저했지만 데이터 정액제가 확산되고, 광고주가 데이터 요금을 부담하는 '제 삼자 요금부과제도'가 선보이게 되면서 사용자는 부담 없이 기업의 이벤트에 참여할 수 있게 되었다.

매체 환경이 복잡해지면서 '크로스 미디어(Cross Media)'에 대한 요구도 커지고 있다. 크로스 미디어 전략은 *그때그때 캠페인 성격과 목표, 규모 그리고 대상, 지역 등의 일을 고려하여 기존의 대중 매체와 새로운 디지털 미디어인 인터넷, 모바일 등을 유기적으로 결합시킨 마케팅 전략이라고 할 수 있다.* 이렇게 크로스 미디어 캠페인을 활용했을 때 *1) 양방향의 커뮤니케이션이 원활해진다는 점, 그리고 2) 기존 매체와의 결합으로 더 큰 시너지 효과가 있을 수 있다는 점, 단순히 소비자 인식 속에 인지도나 선호도와 같은 추상적 목표가 아니라 3) 체험하고 공유하고 구매하는 구체적 목표로 유도할 수 있다는 장점이 있다.*

11) VM(Virtual Machine) : 특정한 프로그램들을 실행하는 컴퓨터를 진짜 컴퓨터같이 만들어 주는 소프트웨어이다.

### 3.1.2.2 스마트 TV

*스마트 TV는 콘텐츠 플랫폼을 기반으로 영상물, 애플리케이션 등 다양한 콘텐츠를 인터넷 회선을 통해 제공하는 TV를 의미한다.* 스마트TV는 항상 네트워크에 연결되어 있다는 점에서 해외에서는 커넥티드 TV(connected TV)라고도 부르고 있다. 공중파는 물론 IPTV 시청도 가능하며 별도 제작된 다양한 애플리케이션을 넓은 화면으로 쾌적하게 이용할 수 있는 것이 스마트 TV의 가장 큰 특징이다. 또한 기존의 채널 중심의 수동적인 콘텐츠 이용 방식에서 벗어나 웹브라우징, 소셜 미디어[12], 인터넷 전화 등 다양한 서비스를 소비자가 선택하여 즐길 수 있는 것이 장점이다.

스마트TV의 초기 모델은 STB(Set Top Box)를 통해 인터넷에 접속하는 형태였으나 최근에는 STB가 TV안에 내장된 형태로 출시되는 추세이다. 애플 TV는 별도의 STB를 통해 인터넷에 접속하는 방식이었으나 삼성전자, LG전자, 소니 등에서 출시한 스마트TV는 STB가 TV에 탑재된 일체형 TV 형태이다(〈그림 3-2〉).

〈그림 3-2〉 스마트TV 경쟁 구도

12) 소셜 미디어(Social media) : 사람들이 자신의 생각과 의견, 경험, 관점 등을 서로 공유하고 참여하기 위해 사용하는 개방화된 온라인 툴과 미디어 플랫폼으로, 가이드와이어 그룹의 창업자인 크리스 쉬플리가 처음 이 용어를 사용하였다. 그 자체가 일종의 유기체처럼 성장하기 때문에 소비와 생산의 일반적인 매커니즘이 동작하지 않으며, 양방향성을 활용하여 사람들이 참여하고 정보를 공유하며 사용자들이 만들어 나가는 미디어를 소셜 미디어라 부른다.

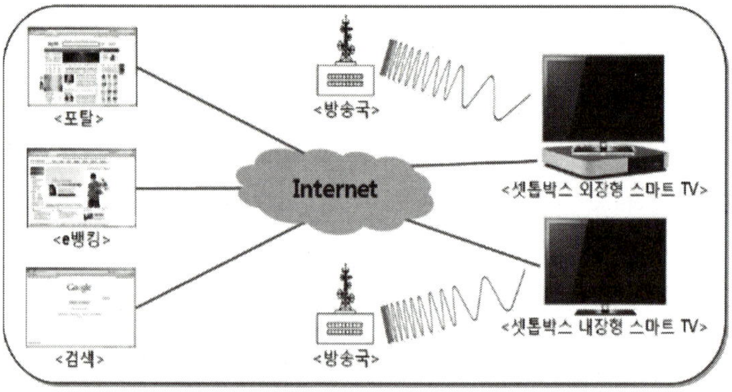


〈그림 3-3〉 스마트TV의 구성(한국인터넷진흥원(2010))

STB 외장형은 굳이 스마트TV를 구입하지 않아도 기존 TV로 스마트TV와 같은 서비스를 받을 수 있어 당분간은 외장형과 내장형모델이 함께 발전하다가 내장형 모델로 통일될 것으로 전망한다. 스마트TV가 작동하기 위해서는 디바이스(TV 및 관련 주변기기), 플랫폼, 콘텐츠, 초고속 인터넷망이 필요하기 때문에 기존에 공중파 또는 케이블을 통해 시청하는 방송과는 차이가 있다(〈그림 3-3〉).

스마트TV는 인터넷 망에 항상 연결되어 있다는 점에서 IPTV와 유사한 점이 있으나 인터넷 상의 콘텐츠를 이용할 수 있다는 점과 전 세계 개발자들이 만든 다양한 애플리케이션을 이용할 수 있다는 점에서 IPTV와는 콘셉트가 다른 제품이다. 다음 [표3-2]는 스마트 TV와 IPTV의 차이점을 나타내었다.

[표 3-2] 스마트TV vs IPTV(〈스마트 TV 산업 발전 전략〉 방통위, 지경부, 문광부(2011.04))

| 구분 | 스마트TV | IPTV |
|---|---|---|
| 주요 사업자 | ▸구글, 애플, 삼성, LG | ▸KT, SK브로드밴드, LG U+ |
| 망 | ▸초고속 인터넷망 | ▸초고속 인터넷망 |
| 비즈니스 모델 | ▸콘텐츠 이용료<br>▸애플리케이션 다운로드 | ▸월 수신료, 콘텐츠 이용료 |
| 요금제 | ▸유료와 무료 혼합 | ▸유료 |
| 콘텐츠 | ▸인터넷+앱스토어 애플리케이션 중심 | ▸사업자가 확보한 콘텐츠 중심 |
| 주요 특징 | ▸가입의무 없음<br>▸사업자뿐 아니라 전 세계 개발자들이 만든 다양한 애플리케이션 다운로드 가능 | ▸지상파 및 VOD<br>▸가입자 기반<br>▸지상파 및 VOD |

### 3.1.2.3 모바일 2.0

Web 2.0[13]에 이어 모바일에도 Mobile 2.0으로의 진화가 이동통신사와 온라인 포탈업체를 중심으로 활발해지고 있다. 사실 우리나라는 자타가 공인하는 인터넷 강국이지만 모바일 인터넷에서는 사정이 다르다. 모바일 인터넷은 지난 1999년 국내 처음 도입됐으나, 비슷한 시기에 도입된 일본과 비교해 서비스가 활성화되지 못했을 뿐 아니라, 산업 효과도 미미하였다. 이 같은 모바일 인터넷의 부진은 접속경로 등을 내부 포털에 유리하게 운영하는 이동 통신 사업자를 중심으로 폐쇄적 서비스 환경과 음악과 게임 중심의 열악한 콘텐츠 제작 및 유통 환경, 그리고 모바일 단말기의 낮은 성능과 유선인터넷에 비해 느린 속도 등 불편한 이용 환경 등이 배경으로 지목되었다. 여기에 과도하게 높은 데이터 요금 때문에 모바일 인터넷에 대한 부정적 인식도 한몫을 하고 있다는 게 전문가들의 의견이었지만 상황이 조금씩 달라지고 있다. 모바일 단말기의 성능이 향상되고 이동통신 속도가 빨라졌다. 이동통신사들도 주 수익원인 음성통화 수익의 정체가 예상되면서 데이터 통화료를 새로운 수익원으로 보고 모바일 인터넷 시장 공략에 나서고 있으며 국내 무선 표준 플랫폼인 WIPI[14] 의무화 정책이 해제되었다. 무선인터넷 서비스도 시대에 맞게 바뀌는 것이다. 지금까지는 휴대전화 성능에 꼭 맞는 WAP[15]방식이 대세였다면, 이제는 웹을 가져오는 풀 브라우징[16] 방식을 사용하면서도 모바일 인터페이스에 최적화해 유선인터넷으로 즐기는 것과 거의 유사한 화면을 지니는 'Weblike-style'에, 모바일에서 사용하기 편하게 설계된 한 단계 진화된 인터페이스까지 말로만 풀 브라우징이 아닌 휴대전화 사용자를 위한 진정한 풀 브라우징 시대가 열렸다. 현재는 스마트 폰에서 먼저 선보이고 있으며, 앞으로 스마트 폰이 아닌 일반 WVGA[17] 휴대전화에도 이 서비스를 내장할 계획이다. 이러한 시도는 기존의 모바일과 웹이라는 인터페이스가 만나는 중간의 과정으로서 '모바일 인터넷 2.0'의 효시가 되는, 더 완성된 형태의 유무선 연계 서비스라는 의미로 고성능 휴대전화

---

13) Web 2.0 : 특정 시스템이나 서비스를 의미하는 것이 아니라 참여, 개방, 공유 등을 신조로 사용자의 적극적인 참여와 단순 미디어로서의 웹이 아닌 사용자들이 자발적으로 참여하고 관리하는 열린 플랫폼을 의미 한다

14) WIPI(Wireless Internet Platform for Interoperability) : 대한민국의 표준 모바일 플랫폼의 이름이다. 통신사간의 모바일 플랫폼을 표준화함으로서, 하나의 콘텐츠를 여러 통신사에서 서비스할 수 있도록 하기 위해 제정되었다.

15) WAP(Wireless Application Protocol) : 휴대 전화 등의 장비에서 인터넷을 하는 것과 같은, 무선 통신을 사용하는 응용 프로그램의 국제 표준이다. WAP은 매우 작은 이동 장비에 웹 브라우저와 같은 서비스를 제공하기 위해 설계되었다.

16) 풀 브라우징(Full browsing) : 휴대폰과 같은 모바일 기기에서 PC 환경과 같이 웹 화면을 볼 수 있도록 해주는 기능이다.

17) WVGA(Wide Video Graphics Array) : 800×400 해상도를 가진 것을 말한다.

가 출시되면서 모바일 서비스도 한 단계 진화하고 있다.

이동 통신사에서는 LBS[18]를 이용해 사용자가 이동하면서 휴대전화 무선인터넷을 이용해 현재 접속하는 위치를 중심으로 정해진 반경 내에서 가장 가까운 음식점, 생활, 교통, 놀이에 관한 정보를 무료로 안내해 주고 있다. 단순한 전화번호 안내뿐만 아니라 사용자 위치에 따른 위치 기반 근접 업종 검색, 지도검색, 메뉴 문의가 가능하다.

타인에게 업소정보 및 약도를 전송하는 기능을 활용할 수도 있다. 서비스의 주 수익 모델은 광고료이기 때문에 사용자 수가 가장 중요한데, 사용자로서는 데이터 통화료가 무료이므로 누구나 전혀 부담 없이 서비스를 이용할 수 있다.

우리의 생활을 완전하게 지배하는 인터넷 서비스의 많은 콘텐츠와 다양한 플랫폼은 이제 모바일 기술과 합하면서 24시간 언제 어디서나 우리를 기쁘게 해주는 미디어로 변신하고 있다. 그야말로 과거의 *중계 미디어시대*, *멀티미디어 시대*를 거쳐 이제는 움직이는 *모바일 미디어 시대*로 진화하는 것이다.

모바일 미디어 서비스의 진화 방향은 크게 두 가지 방향성을 갖고 진행된다. 모바일 관련 신기술의 채용과 이를 활용한 콘텐츠의 진화라는 내부적인 진화 방향이 있고, 타업종과의 협력을 통한 새로운 카테고리를 만들어내는 디지털 컨버전스의 방향이 있다. 모바일 관련 신기술의 채용과 이를 활용한 콘텐츠의 진화 방향은 화상 전화, 위치연결 서비스와 같은 휴대전화만의 고급 서비스가 지속적으로 제공되고 기술의 진화에 따른 제공 콘텐츠도 업그레이드됨으로써 한층 높은 생활 속의 미디어로 자리 잡게 된다. 이러한 유비쿼터스, 디지털 노매드(Digital Nomad) 등의 개념이 현실화되려면 언제, 어디서나, 어떤 단말기를 사용하든 간에 사용자의 필요와 욕구를 충족시켜주는 개인화된 최적의 네트워크 환경이 구축돼야 하고, 이를 위해서는 모든 정보통신 서비스가 '끊김 없이' 제공돼야 한다.

#### 3.1.2.4 스마트폰

스마트폰이 모바일 인터넷 대중화 시대를 열고 있다. "스마트폰으로 하루를 시작하여 스마트폰으로 마감 한다"는 소비층이 등장할 정도로 스마트폰의 영향력이 커지고 있다. 스마트폰은 PC와 같이

18) LBS(Location Based Service) : 무선 인터넷 사용자에게, 사용자의 변경되는 위치에 따르는 특정 정보를 제공하는 무선 콘텐츠 서비스들을 가리킨다.

〈그림 3-4〉 블랙베리 스마트폰

운영체제를 탑재하여 다양한 애플리케이션을 설치·동작시킬 수 있는 휴대폰을 통칭한다. 휴대폰 하나로 인터넷, 멀티미디어, 사무업무 기능 등을 조합적으로 이용할 수 있으며, PC처럼 새로운 애플리케이션을 계속 추가하여 활용하는 것이 가능하다.

본격적인 모바일 인터넷 기기라는 측면에서 기존 휴대폰과 차별화된다. 풀브라우징 기능으로 인터넷 접속이 가능하고 무선랜[19] 장착과 정액 요금제로 모바일 인터넷 기기로 급부상하였다. 모바일 인터넷 기기로는 스마트폰, e-book[20] 단말기, 태블릿 PC, 넷북 등이 있으나 음성통화가 가능하다는 점에서 스마트폰이 절대 우세하다. 터치, 음성인식 등 직관적인 사용자 인터페이스의 적용으로 보다 쉽게 인터넷 이용이 가능하다.

스마트폰은 2004년 RIM(Research In Motion)이 출시한 '블랙베리'가 미국 대도시 사무 종사자를 중심으로 각광을 받으며 보급되기 시작했다(〈그림 3-4〉). 당시 블랙베리가 제공한 푸싱 이메일[21] 기능이 인기를 끌면서 'BlackBerry Thumb'[22], 'BlackBerry Balm'[23] 등의 신조어가 등장했다. 블랙

19) 무선랜(Wi-Fi) : 와이파이 얼라이언스(Wi-Fi Alliance)의 상표명으로, IEEE 802.11 기반의 무선랜 연결과 장치 간 연결(와이파이 P2P), PAN/LAN/WAN 구성 등을 지원하는 일련의 기술을 뜻한다.

20) e-Book(electronic-Book) : 책의 내용을 디지털 정보로 가공하고 저장한 출판물의 통칭이다.

21) 푸싱 이메일(Pushing e-mail) : 메일서버에 도착한 이메일을 지정된 스마트폰 단말로 재전송시켜 신속하게 확인할 수 있는 기능을 말한다.

22) BlackBerry Thumb : 블랙베리 사용자가 이메일을 주고받기 위해 엄지손가락을 반복적으로 과다 사용하는 과정에서 생기는 통증 질환으로 미국에서는 '블랙베리 증후군'을 정식 직업병의 하나로 인정하고 있다.

23) BlackBerry Balm : 블랙베리 증후군 투숙객을 대상으로 미국 호텔에서 제공하는 엄지손가락과 손목근육을 풀어주는 마사지 서비스를 말한다.

베리 마니아인 오바마 미국 대통령은 2008년 미국 대선 운동기간 내내 블랙베리를 정책홍보 및 유권자 의견 수렴의 도구로 활용한 것으로 유명하다.

2009년 국내에 선보인 스마트 폰은 PC와 같은 운영체제를 탑재해 사용자가 필요한 소프트웨어를 자유롭게 설치해 사용할 수 있기 때문에 소프트웨어가 많을수록 할 수 있는 일이 많아진다. 따라서 스마트폰 활용의 핵심은 다양한 애플리케이션을 이용할 수 있는 애플리케이션 스토어에 있다. 애플리케이션 스토어는 게임, e-book, 음악, 동영상 등 사용자들이 원하는 애플리케이션과 콘텐츠를 쉽게 다운로드받게 해주는 서비스로 애플의 '앱스토어' 출시 이후 활성화되었다. *앱스토어는 애플이 2008년 7월 3G 아이폰을 출시하면서 내놓은 모바일 소프트웨어 거래 장터 이름이다.*

애플이 먼저 사용했지만 다른 회사들의 유사서비스를 통칭하는 고유명사처럼 쓰인다. 기존 이동통신이나 단말기 업체의 가치 사슬에 속하지 않은 외부의 개발자나 콘텐츠 기업이 자신들의 제품인 소프트웨어를 고객과 거래할 수 있는 온라인 장터이다. 개발자는 장터 운영자에 수수료 조로 판매가의 일정부분을 나누게 된다. 애플이 지난 4분기 전 세계 휴대전화 업체들이 극심한 불황에 빠져 있는 가운데서도 2008년 7월 오픈 이후 5억 건의 누적 다운로드, 2만 5천 개 이상 어플리케이션이 등록돼 있고 101억 7000만 달러라는 사상 최대 매출을 기록하였다. 경쟁사들이 앱스토어를 벤치마킹하지 않을 수 없는 이유이다.

국내 제조사인 삼성전자와 LG전자도 최근 앱스토어를 개설했거나 개설 준비를 하며 경쟁에 뛰어들었고, 이동통신사인 SK텔레콤 역시 최근 플랫폼에 관계없이 소프트웨어를 구동할 수 있는 변환

[표 3-3] 국내외 스마트폰 현황

| 제품명 | 갤럭시 S2/LTE | 아이폰 4S | 옵티머스 Q2/LTE | 베가 레이서/LTE | 레이저 |
|---|---|---|---|---|---|
| 이미지 |  |  |  |  |  |
| 업체 | 삼성 | 애플 | LG 전자 | 팬택(SKY) | 모토로라 |
| 출시일 | 2011.4/2011.12 | 2011.11 | 2011.10 | 2011.6/2011.12 | 2011.11 |

도구를 내놓고 가칭 'T 앱스토어'라는 소프트웨어 장터가 운영되고 있다. SK텔레콤의 앱스토어는 특정 모바일 OS나 단말기, 플랫폼에 의존적인 기존 앱스토어와 달리 'SK 표준 플랫폼'을 적용해 OS의 제약이 없어 플랫폼에 상관없이 콘텐츠를 개발, 배포할 수 있다. 또 '크로스 플랫폼[24]' 기술로 기존 WIPI 플랫폼 기반 게임 콘텐츠를 스마트 폰에서도 이용 가능하다.

사용자들 입장에서는 안정성이 검증된 콘텐츠를 합리적 가격에 구매할 수 있는 다양한 앱스토어들이 모바일 환경을 풍성하게 해 무선인터넷 활용도를 높일 뿐만 아니라 콘텐츠 개발 업계에도 활력을 불어 넣을 수 있을 것이다. 다음 [표 3-3]은 국내외 스마트폰 현황을 나열했다.

### 3.1.2.5 증강현실(Augmented Reality) 기술

*증강현실이란 현실세계에 가상정보를 실시간으로 결합하여 보여주는 기술이다.* 가상현실(VR : Virtual Reality) 공간은 실제현실 공간이나 사물과 아무런 관계없이 만들어진 공간을 말한다. 컴퓨터 게임 안의 공간이 가장 대표적인 가상현실 공간이다. 가상현실이 100% 가짜로 만든 공간인 것과 달리 증강현실은 눈에 보이는 실제 공간에 각종 정보와 가상공간이 추가된 공간이라는 점에서 차이가 있다. 증강현실은 모든 환경을 컴퓨터 3차원 이미지로 제작하는 가상현실과 달리, 현실영상 위에 가상의 정보가 중첩됨으로써 현실감을 향상시킨다.

*증강현실은 가상현실과 TV 영상과 같은 현실의 중간에 위치하는 기술로, 가상현실과 같이 가상성에 바탕을 두고 있으나, 가상현실이 컴퓨터가 구축한 가상 공간속에 사용자를 몰입하게 하는 기술인 반면, 증강현실은 사용자의 실제 환경에 가상의 정보를 더해줌으로써 실제감을 향상시키는 기술이다. 가상현실 기술이 실제 환경을 컴퓨터가 생성한 환경과 완전히 대체하는 것이라면 증강현실 기술은 사용자가 가지고 있는 기존의 실제 환경 정보를 유지한다는 점에서 차이점을 지닌다.*

〈그림 3-5〉는 실세계와 가상 세계의 연속성 상에서의 증강현실의 위치를 보여준다. 증강현실 기술은 이러한 디지털 체험을 가능하게 하는 최적의 기술로, 사용자의 위치와 주변 환경의 정보를 추적하고, 추적 결과에 따라 적합한 영상 정보를 자연스럽게 배열하여, 사용자에게 디스플레이하는 3가지의 요소기술로 구성된다. 먼저 정보의 입력 단계인 *'추적'*에서는 사용자의 현재 위치, 응시하는

24) 크로스 플랫폼(Cross-platform) : 컴퓨터 프로그램, 운영 체제, 컴퓨터 언어, 프로그래밍 언어, 컴퓨터 소프트웨어 등이 여러 종류의 컴퓨터 플랫폼에서 동작할 수 있다는 것을 뜻하는 용어이다. 크로스 플랫폼 응용 프로그램은 둘 이상의 플랫폼에서 실행할 수 있다. 이러한 종류의 소프트웨어는 멀티플랫폼 소프트웨어라고도 한다.

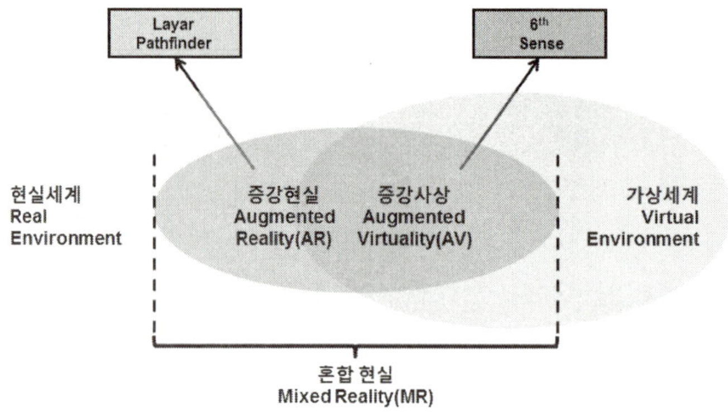


〈그림 3-5〉 실제-가상 연속체

〈그림 3-6〉 애플의 앱스토어에서 "ar" 이라는 키워드로 검색한 화면

방향, 접촉하여 조작하는 물체 등에 대한 모든 정보를 실시간으로 추적한다. 입력된 정보의 처리 단계인 *'배열'*에서는 추적을 통해 입력된 실세계의 정보들에 가상의 정보를 결합하여 자연스럽고 정확하게 정렬한다. 마지막으로 입력, 처리된 정보의 출력 단계인 *'디스플레이'*에서는, 실세계의 정보와 가상의 정보를 사용자의 눈앞에 실감나게 결합하여 보여주게 된다.

*증강 현실의 서비스 형태는 스마트폰 앱이나 착용형으로 크게 나뉠 수 있다.* 스마트 폰의 보급으

〈그림 3-7〉 Layar 서비스, 지하철 AR, 스캔서치 서비스

〈그림 3-8〉 증강 사상(AV: Augmented Virtuality) 예

로 증강현실은 다양한 형태로 서비스를 하고 있다. 현재 가장 많은 증강현실 어플을 쉽게 만나볼 수 있는 곳은 애플의 앱스토어를 꼽을 수 있다(〈그림 3-6〉). 애플의 앱스토어에서 "ar"이라는 키워드로 검색해보면 이미 수많은 어플이 등록되어 있고, 생활에 유용한 무료 어플도 많이 제공되고 있어서 사용자수가 급격히 늘고 있다. 이러한 어플을 이용해서 스마트폰의 화면을 통해서 근거리에 위치한 지하철역, 약국, 건물들을 찾을 수 있고 상품의 가격정보, 영화 포스트 스캔을 통한 영화 정보 등 다양한 형태로 활용되고 있다.

Layar는 이동전화 무료 앱으로 실시간으로 부착된 카메라를 통해 보이는 주변 현실 장면에 디지털 정보를 겹쳐 보여 준다. 일반적인 증강현실의 예라고 할 수 있다. 이동전화기를 움직이는 데로,

〈그림 3-9〉 MIT의 "6th Sense"

눈앞에 보이는 대상에 관한 정보가 바뀐다(〈그림 3-7〉).

이렇듯 증강현실 기술을 적용하면 눈에 보이는 실물과 관련된 다양한 정보를 즉시 확인할 수 있어 정보 검색자는 이전보다 쉽게 정보 취득이 가능하다. 정보를 인지하는 창구가 전통적 브라우저에서 '카메라'로 확대되어 직관적으로 보이는 사물을 기반으로 관련 정보 습득이 가능하다. 정보 습득의 방식이 특별한 전문지식 없이도 쉽고 편리하게 정보를 얻을 수 있는 영상 중심으로 변하고 있다.

또한, *증강 사상(Augmented Virtuality)은 실세계의 물체를 이용하여 컴퓨터와 교류하는 것을 의미하는 것*으로, 착용형 기기를 통해서 가상으로 건물 모형을 본다던지, 카메라를 통해 보이는 건물, 음식점, 사람 등에 '에어태그'[25]라 불리는 문자정보(이름, 평판, 성향 등)와 사진 등의 정보가 나타난다. 다음 〈그림 3-8〉은 증강 사상의 예를 보이고 있다.

또 한 예로, 다음 〈그림 3-9〉과 같이 MIT가 개발한 "6th Sense"는 인간의 6번째 감각으로 카메라와 프로젝터, 거울, 전화기, 손가락 센서를 통해서 손가락 모양을 갖추면 사진 촬영을 할 수 있고 프로젝터를 이용해서 어느 곳에서나 화면을 투사할 수 있고 심지어 손바닥에 키패드를 투사하여 입력할 수 있다. 이러한 다양한 형태의 활용이 증강사상을 통해서 가능하다.

---

25) 에어태그(Air Tag) : 단말기의 카메라에 비치는 영상에 연결되는 텍스트 또는 이미지 등의 디지털 정보 태그를 말한다.

## 3.2 국내 무선망의 현황

현재 한국의 무선 인터넷 망은 4세대로 발전하고 있다. 표준을 위해서 WIBRO와 LTE[26]간의 선택이 필요한 상황에서 두개의 서비스를 모두 제공하고자 SK와 KT에서 통신망을 새로 증설하였다. WIBRO가 성장하게 된 계기는 KT와 삼성의 주도적으로 추진한 WiBro 사업 및 국제표준으로 인정되어 세계 각국에 대한 WIBRO 사업이 확장되었다. WiBro는 기존 무선망의 장점과 로컬 인터넷의 Data 전송 속도를 고루 갖춘 면에서 장점을 가져 미래의 새로운 인터넷 망으로 발전 가능성이 있는 기술이다. 현재의 무선망의 종류와 특성은 아래와 [표3-4]와 같이 정리할 수 있다.

무선 인터넷 망은 1세대에서 4세대로 점점 진화되었다. 현재 무선 인터넷 망은 서로의 기술을 보완하고 부분적으로 경쟁하고 있다. 무선 인터넷 망의 발전 방향은 다음 〈그림 3-10〉과 같다.

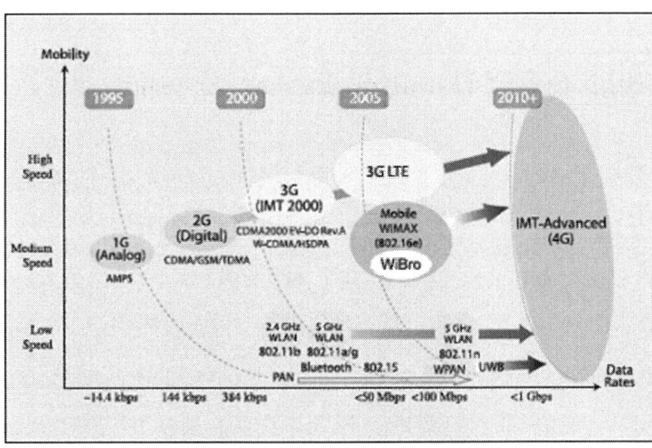


〈그림 3-10〉 무선 인터넷망 발전 방향

26) LTE(Long Term Evolution) : HSDPA(High Speed Downlink Packet Access,WCDMA를 확장한 고속 패킷 통신 규격이다.) 보다 한층 진화된 휴대전화 고속 무선 데이터 패킷통신규격이다. HSDPA의 진화된 규격인 HSPA+와 함께 3.9세대 무선통신규격으로 불린다.

[표 3-4] 무선 인터넷 접속망의 종류와 특성

| | 구분 | Generation | Downlink | Uplink | Radio Tech |
|---|---|---|---|---|---|
| 이동통신 | EV-DO Rev.0 | | 2.45(Mbit/s) | 0.15(Mbit/s) | CDMA/FDD(250km/h) |
| | EV-DO Rev.A (CDMA2000[27]) | 3G | 3.2(Mbit/s) | 1.8(Mbit/s) | CDMA/FDD(250km/h) |
| | HSPDA | 3G | 14.4(Mbit/s) | 5.76(Mbit/s) | CDMA/FDD(250km/h) |
| | LTE | 4G | 326(Mbit/s) | 861.8(Mbit/s) | OFDMA/MIMO/SC-FDMA |
| 무선인터넷 | 802.11g | | 54(Mbit/s) | 54(Mbit/s) | 6.75 MByte/s |
| | 802.11n | | 600(Mbit/s) | 600(Mbit/s) | 75 MByte/s |
| Wi-Bro Wi-MAX | 802.16 | WiMAX | 70(Mbit/s) | 70(Mbit/s) | 8.75 MByte/s |
| | WiBro Wave1 | 4G | 24.8(Mbit/s) | 5.2(Mbit/s) | TDD + OFDMA(60km/h) |

CDMA/FDD : CDMA/Frequency Division Duplex
EV-DO : EVolution Data Optimized
MIMO : Multiple Input/Multiple Output
OFDMA : Orthogonal Frequency Division Multiple Access
SC-FDMA : Single-Carrier orthogonal Frequency-Division Multiple Access
TDD : Time Division Duplex

### 3.2.1 HSDPA(High Speed Downlink Packet Access)

*HSDPA는 시속 300km로 달리는 고속철도 안에서 화상통화가 가능하고 휴대전화를 이용한 화상 및 데이터 전송이 가능한 기술이다.* IMT 2000[28] 표준의 진화단계에 위치하는 HSDPA는 3세대 서비스인 WCDMA[29]의 진화형태로, 하향 고속화 패킷 접속방식으로 하향 다운로드 속도가 WCDMA에 비해 최대 7배나 빨라진 혁신적인 차세대 통신기술이다. 하향 링크에서 고속 데이터 전송을 위해 추가된 접속기법이며, 3GPP(3rd Generation Partnership Project)의 Release 5 표준 규격의 주요 특징이다. 특히, 획기적인 전송률 향상과 더불어 최근 각광받고 있는 IP 멀티미디어 서비스의 제공에 효율적인 시스템으로 인식되고 있다. 4세대 이동통신기술 전단계로 간주된다.

---

27) CDMA 2000(Code Division Multiple Access 2000) : 이동 통신에서 코드를 이용한 다중접속 기술의 하나이다. 1996년 한국에서 최초로 상용화되었다. 2.5G와 3G의 혼합형 기술로 CDMA을 사용한다.

28) IMT 2000(International Mobile Telecommunications-2000) : 국제 전기 통신 연합이 정의한 3세대 이동통신의 국제 표준이다.

29) WCDMA(Wideband Code Division Multiple Access) : 3세대 이동통신 기술 표준의 하나로 확산대역 기술을 이용한 디지털 자동차 휴대전화에 쓰이는 표준 기술이다.

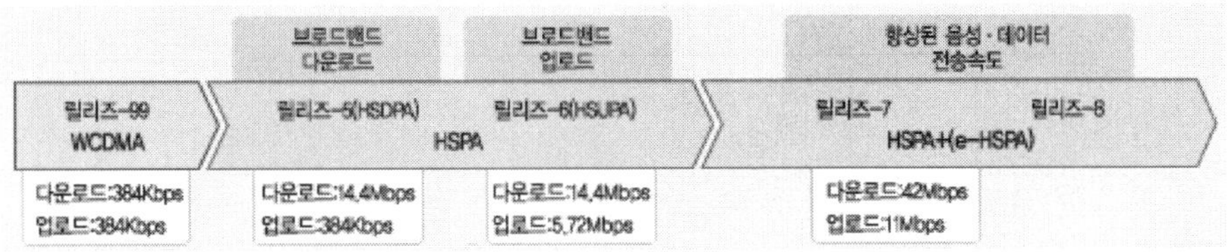


〈그림 3-11〉 CDMA → HSPA → HSPA+ 진화 과정

FDD(Frequency Division Duplex) 모드 및 광대역 TDD(Time Division Duplex) 모드 HSDPA는 5MHz대역 내에서 3.84Mbps의 칩률(Chip rate)을 사용하는 기존의 FDD 모드 또는 광대역 TDD 모드 시스템과 동일한 채널화 부호 자원을 사용함으로써 상호 공존이 가능하도록 설계되어 있다. 협대역 TDD 모드 HSDPA는 기존의 1.28Mbps의 칩률을 사용하는 협대역 TDD 모드 시스템과 동일한 주파수 대역에서 공존이 가능하도록 설계하였다.

3.5G는 3G에 비해 전송속도 향상, 주파수 효율 향상, 이용 요금 인하라는 장점이 있다. 2006년 한국에서 HSDPA는 본격 상용화되었으며, 이는 최대 2Mbps급 수준인 모바일 데이터통신 환경을 최대 14Mbps급으로 끌어 올려 모바일 영상전화 등의 멀티미디어 서비스를 안정적으로 구현할 수 있다. 다음 〈그림 3-11〉은 HSPA의 진화 과정을 나타낸 것이다.

### 3.2.2 WiBro(Wireless Broadband Internet)

*와이브로(WiBro)란 무선 광대역 인터넷 서비스, 무선 광대역 인터넷으로 풀이된다. 휴대형 단말기를 이용하여 정지 및 이동 중에 언제, 어디서나 고속의 전송속도(최대 약10Mbps급) 로 인터넷에 접속하여 다양한 정보 및 콘텐츠 사용이 가능한 초고속인터넷 서비스를 말한다.* 즉, 실내의 유선 초고속인터넷 서비스를 실외에서 이동 중에도 사용할 수 있도록 확장하는 개념이다.

이것은 2.3GHz 주파수 대역을 이용하여 셀 반경 1Km이내, 이동시 최소 60Km/H 최대 120Km/H에서도 끊김 없는 무선 인터넷 서비스를 보장하고, 보다 저렴하게 무선 인터넷을 이용할 수 있는 새로운 서비스이다. 시속 100㎞이상의 속도로 달리는 차안에서 PC계열, 노트북, PDA, 스마트폰, UMPC 등으로 초고속인터넷을 사용 가능하다. 와이브로의 평균적인 속도는 100Mbps급 초고속 인터넷에는 미치지 못하지만, 스마트폰 등의 3G 통신망보다는 빠르다. 넷북이나 노트북으로 인터넷을 사용하는 데 있어 큰 지장은 없을 정도다.

비슷한 이름 때문에 *와이브로, 와이파이, 와이맥스*를 혼동하는 이가 적지 않다. 무선 통신 기술이라는 점에서는 유사하지만 엄연히 다른 개념의 통신 기술이다.

- 와이파이(Wi-Fi) : 'Wireless Fidelity'의 줄임말로, 흔히 '무선 랜'이라고 하는 근거리 무선 통신 기술이다. 엄밀히 말하면, 와이파이는 IEEE 802.11 무선 통신 표준에 입각한 제품임을 표시하는 일종의 상표명이다. 현재 노트북이나 스마트폰, 태블릿 PC 등에 보편적으로 적용되고 있다.

- 와이맥스(WiMAX, World Interoperability for Microwave ACceSs) : 휴대 인터넷의 기술 표준을 목표로 미국 인텔사가 개발한 IEEE 802.16d 규격의 무선 통신 기술이다. 전송 속도는 빠르지만 사용 반경이 좁다는 와이파이의 단점을 보완한 기술로, 이론적으로 장애물이 없는 지역에서는 전송 거리가 약 45km에 달한다. 전송 속도는 최대 75Mbps라고 하지만 실제로는 약 5~10Mbps 정도이다. 다만, 와이브로와는 달리, 한 기지국(핫스팟[30]))에서 다른 기지국으로 이동될 때 지속적인 네트워크 연결을 보장하지 않았다.

참고로 와이브로와 와이맥스는 같은 기술 표준을 사용하고 있기 때문에 기존 와이맥스를 고정형 와이맥스(fixed WiMAX), 와이브로를 모바일 와이맥스(mobile WiMAX)로 분류하곤 한다(정확한 표기는 와이브로 IEEE 802.16e, 와이맥스 IEEE 802.16d이다).

2011년 1월 국내에 와이브로 서비스를 제공하고 있는 KT와 SKT는 각각 '쇼와이브'와 'T로그인 와이브로'라는 상품을 내놓았다. 이용자 수는 KT가 약 35만 명, SKT가 약 9만 명, 총 44만 명 정도로 집계되고 있다.

KT는 2010년 10월 1일부터 수도권 지역에서만 시행되던 와이브로 서비스를 전국으로 확대했다. 수도권을 포함해 5대 광역시(부산, 대구, 광주, 대전, 울산)와 경부, 중부, 호남, 영동 고속도로(중부는 서울~대전 구간)까지 늘린 것이다. 또한 2011년 3월까지 전국 82개시까지 확대해, 우리나라 국민의 85%가 와이브로를 사용할 수 있도록 하였다. 다음 〈그림 3-12〉는 KT의 와이브로 서비스 지역을 나타낸 것이다.

30) 핫스팟(hotspot) : 인터넷 서비스 공급자에 대한 링크에 연결된 라우터의 사용을 통해 무선 로컬 영역 네트워크에 인터넷 접근을 제공하는 지점을 말한다. 보통 특정 지역에서 무선 접근 범위를 최대화하기 위해 공공장소의 천장, 벽이나 기타 전략적 위치에 설치된 하나 이상의 접근점(AP)으로 구성된다. 따라서 핫스팟 구역의 사용자는 노트북 컴퓨터를 이용하여 인터넷에 접속할 수 있다.

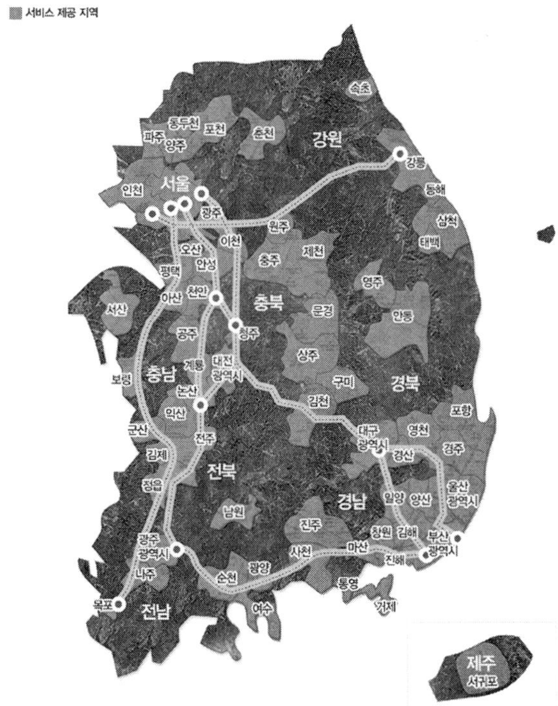


〈그림 3-12〉 KT의 와이브로 서비스 지역 (KT홈페이지/2011년 12월말 기준)

이 밖에 와이브로는 KTX 고속열차는 물론이고, 서울/수도권 지하철, 택시 등의 대중교통 시설에서도 사용할 수 있어 활용도가 점차 높아지고 있다. 지역별 와이브로 사용 가능 여부는 KT 및 SKT 홈페이지에서 확인할 수 있다.

해외의 경우, 2008년 일본 KDDI, 미국 SprintNextel, 브라질 TVA, 이탈리아 TI, 베네수엘라 Omnivision, 크로아티아 PORTUS 등 세계 여러 나라의 통신사와 시험 서비스를 진행하기도 했다. 다만, 국내용 와이브로와 해외용 와이브로(모바일 와이맥스)는 같은 기술이지만 사용 주파수와 대역폭이 달라 서로 상호 호환이 되지 않는다. 이에 지난 2010년 10월 1일부터 KT는 국내 와이브로 서비스를 세계 표준 주파수 대역에 맞춤으로써 상호 호환성을 제공하고 있다.

한편, 2010년 10월 미국 시카고에서 열린 차세대 통신 전문 전시회인 '4G 월드 2010'에서 삼성전자는 와이맥스의 전송 속도를 최대 330Mbps로 향상시킨 '와이맥스 2' 기술을 공개한 바 있다. 새로운 차세대 통신 기술을 선점해 향후 부가가치 창출에 앞설 수 있는 고무적인 결과라 할 수 있다.

### 3.2.3 LTE(Long Term Evolution)

LTE는 HSDPA 보다 한층 진화된 휴대전화 고속 무선 데이터 패킷통신규격으로 HSDPA의 진화된 규격인 HSPA+와 함께 3.9세대 무선통신규격으로 불린다. LTE를 4세대로 명명하지 못하는 이유는 4세대 시스템의 조건인 데이터 전송 속도가 최대 약 1Gbit/s이어야 한다는 IMT 어드밴스 4G 요구사항을 완벽하게 만족시키지 못하기 때문이다. 그러나 특히 3G 서비스 기술인 WCMDA, HSDPA 등과 4G LTE 망의 연동이 가능하고 휴대폰 하나로 다양한 미디어와 통신을 이용할 수 있어 한국, 유럽을 비롯한 여러 국가에서 차세대 통신 기술로 각광받고 있다. 스마트폰과 태블릿 PC 등 모바일 기기의 보급이 증가하면서 폭발적으로 늘어난 데이터 전송량을 기존의 무선 이동통신 방식으로는 더 이상 감당할 수 없기 때문에 LTE에 관심이 높아졌다.

LTE 통신 규격을 이해를 위해 무선 이동통신 규격의 발전 과정을 아래와 같이 제시하였다. 무선 이동통신 규격은 큰 범주로 [표 3-5]와 같이 1세대(1G), 2세대(2G), 3세대(3G)로 나뉘어 있으며, 현재 4세대(4G) 이동통신 방식으로 발전 중이다. 각 세대 구분의 가장 중요한 기준은 데이터 전송속도의 차이에 있다.

- 1G 통신 규격 : 음성통화만 가능한 아날로그 통신이었고 아날로그 통신의 특성상 잡음과 혼선이 빈번하게 발생하였다.

**[표 3-5]** 이동통신 방식의 발전 과정

| | 1G | 2G | 3G | pre-4G / 4G |
|---|---|---|---|---|
| 접속방식 | 아날로그 | GSM<br>CDMA | WCDMA<br>CDMA2000<br>HDPA+<br>와이브로 | LTE / LTE-Advanced<br>와이브로-에볼루션<br>(와이맥스2) |
| 전송속도 | - | 14.4 ~ 64kbps | 144kbps ~ 2Mbps | 100Mbps ~ 1Gbps |
| 전송형태 | 음성 | 음성/문자 | 음성/문자/동영상 등 | 음성/문자/동영상 등 |
| 다운로드 속도<br>(800MB 동영상) | 다운로드 불가 | 약 6시간 | 약 10분 | 약 85초~6초(이론적) |

- 2G 통신 규격 : 2세대 통신으로 불리던 CDMA는 아날로그의 문제점을 보완하고자 디지털 통신으로 전환됐으며 음성통화 외에도 문자, 이메일 등의 데이터 전송이 가능해졌다.
- 3G 통신 규격 : 사진, 영상 등 멀티미디어 데이터 전송까지 데이터의 이용 영역이 급속도로 확산되었으며, 스마트폰의 등장으로 데이터 이용의 요구가 높아졌다.
- 4G 통신 규격 : 차세대 All-IP 기반 서비스, 저속 환경에서 고속으로 진화하였고, LTE Advanced의 경우 최대 1Gbps, 시속 60km 이상으로 이동 시에도 최대 100Mbp의 속도로 데이터를 전송할 수 있다.

LTE는 3세대 비동기식 이동통신기술 표준화 기구 3GPP가 2008년 12월 확정한 무선 고속 데이터 패킷 접속규격인 Release 8을 기반으로 하고 있으며, 3G 이동통신 규격 중 유럽식 WCDMA에서 발전한 이동통신 규격이다. 핵심기술인 OFDM과 MIMO를 이용하여 HSDPA보다 12배 이상 빠른 속도로 통신할 수 있다. 또한 LTE는 전세계적으로 70% 이상 사용하고 있는 WCDMA의 후속 기술이기 때문에 기존 3G 통신망과 연동이 쉽다는 장점이 있다. 즉, 망 투자비용을 줄일 수 있고, 서비스 지역을 넓히기에도 용이하다. 또한, 빨라진 전송 속도 덕에 고화질 동영상 등을 실시간으로 감상할 수도 있고, 클라우드 컴퓨팅[31] 서비스를 본격적으로 가동할 수 있기도 하다. 실제로 지난 2011년 4월 SK텔레콤은 LTE 통신망을 통해 800MB 용량의 영화 파일을 불과 85초 만에 내려 받는 모습을 시연하기도 했다.

LTE 표준은 100Mbps의 하향링크 최고 속도, 50Mbps의 상향링크 최고 속도, 10ms 이하의 RAN(Radio access network) 왕복 시간을 제공한다. 또한 반송파 대역폭을 1.4MHz에서 20MHz까지 조정할 수 있으며, TDD와 FDD를 이용한 전이중통신을 지원한다.

LTE 표준의 일부는 SAE(System Architecture Evolution)라고 불린다. 그 이유는 LTE가 GPRS[32] 코어 네트워크를 대체하고 과거의 시스템이나 GPRS, WiMAX와 같은 비3GPP 시스템 사이에서도 이동성을 보장하기 위해 설계된 플랫 IP 기반 네트워크 아키텍처이기 때문이다.

---

31) 클라우드 컴퓨팅(Cloud computing) : 인터넷 상의 유틸리티 데이터 서버에 프로그램을 두고 그때 그때 컴퓨터나 휴대폰 등에 불러와서 사용하는 웹에 기반 한 소프트웨어 서비스이다.

32) GPRS(General Packet Radio Service) : GSM(Global System for Mobile Communications)망을 기반으로 데이터 트래픽을 전송하기 위해서 확장된 개념의 2.5세대 이동통신 표준으로써, 무선 인터넷과 영상통신의 서비스가 추가된 개념이다.

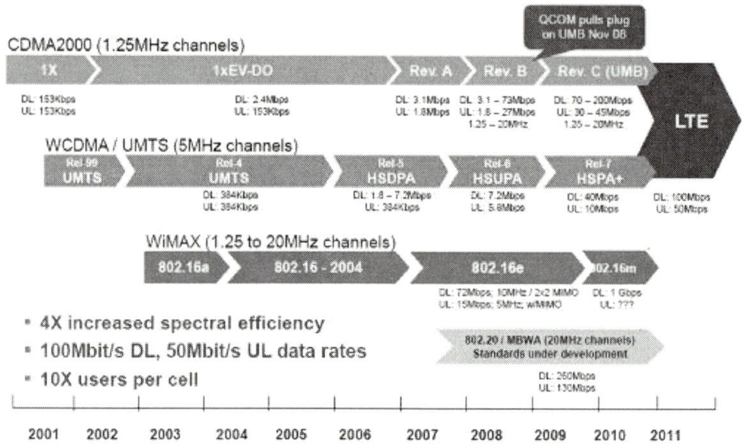


〈그림 3-13〉 통신 시장의 진화 과정

LTE의 주요 이점은 높은 처리량, 낮은 지연 시간, 플러그 앤 플레이[33]는 물론 같은 플랫폼에서 FDD와 TDD를 사용할 수 있다는 점 등을 들 수 있다. 그밖에도 향상된 엔드 유저의 경험을 제공할 수 있을 뿐만 아니라 단순한 아키텍처를 통해 운영비가 낮게 든다는 것도 큰 장점이다. 또한 GSM, cdmaOne, UMTS, CDMA 2000과 같은 구형 네트워크 기지국으로의 원활한 이동도 지원한다. LTE의 다음 단계인 LTE 어드밴스드는 현재 3GPP 릴리즈 10에서 표준화가 진행 중이다.

앞서 언급한 바와 같이 LTE는 엄밀히 3.9세대로 불리지만 이미 3G에 비해 성능적 우월성이 증명된 만큼 통신사에서는 4세대로 명명하고 있다. 미국의 버라이즌 와이어리스와 AT&T 모빌리티 등은 이미 2009년부터 네트워크를 LTE로 변경하는 프로젝트를 시작했으며, 2009년 12월에는 스웨덴과 노르웨이에서 텔리아소네가 최초의 상용서비스를 시작했다.

국내 통신사도 컴퓨터용 LTE USB 모뎀을 먼저 선보였고 2011년 하반기를 기점으로 SK텔레콤, KT, LG U+가 LTE 상용화 서비스를 시작하였다. 다음 〈그림 3-13〉은 통신 시장의 진화과정을 나타내었다.

---

33) 플러그 앤 플레이(Plug and Play) : 꽂으면 실행된다는 뜻으로, 컴퓨터 실행 중에 주변 장치를 부착해도 별다른 설정 없이 작동함을 뜻한다.

## 3.3 모바일 장치의 활용

### 3.3.1 모바일 뱅킹(Mobile Banking)

*모바일 뱅킹은 고객이 휴대폰, PDA, 스마트폰 등 이동통신기기를 수단으로 이동통신사의 무선인터넷을 통하여 금융기관의 전산시스템과 연결하여 금융서비스를 이용할 수 있는 전자금융서비스를 말한다.* 서비스의 내용이나 무선인터넷을 통한 서비스 제공이라는 측면에서 볼 때 인터넷뱅킹 서비스에 포함되는 것으로 볼 수도 있겠으나 공간적 제약과 이동성측면에서 더욱 자유롭다. 즉 언제 어디서든 사용자의 모바일 장치가 인터넷만 접속이 가능하다면 거래를 하고 있는 해당 은행의 잔액조회, 계좌이체, 예금조회, 환율조회, 거래내역조회 등의 다양한 금융 서비스를 제공받을 수 있다.

2009년 하반기 애플사의 아이폰이 국내에 출시되면서 스마트폰의 시장이 점차 확대되고 있다. 이처럼 스마트폰이 인기를 얻으면서 이를 통한 금융거래 즉 스마트폰뱅킹도 크게 증가하는 추세이다. 하나은행이 '아이폰뱅킹'을 시작한 이래 한 달 동안 3만5000여명의 사용자가 스마트폰뱅킹 어플리케이션을 다운받은 사례가 있다. 하나은행의 스마트폰뱅킹서비스 제공이후 현재는 많은 은행들이 스마트폰뱅킹서비스를 제공하고 있다. 하지만 스마트폰뱅킹에 크게 확산되면서 이와 관련된 보안문제에 대한 우려도 커지고 있다. 이는 금융거래의 특징상 작은 보안상의 허점도 커다란 경제적 손실로 이어질 수 있다는 점 때문이다. 현재 국내에서는 외국과 다르게 인터넷뱅킹을 사용하기위해서는 액티브 기반의 공인인증서를 사용하여 전자서명을 해야만 인터넷 뱅킹서비스 및 금융거래서비스를 받을 수 있다. 하지만 스마트폰은 기타 플러그인을 지원하지 않기 때문에 각 거래은행별로 어플리케이션을 설치하고 인증서를 설치해야만 스마트폰 뱅킹 및 금융거래가 가능하다.

[표 3-6] 모바일 뱅킹 형태의 장 · 단점(Global Fisrt-Innovation Management Technology)

| 구분 | 범용성 | 편리성 | 수용성 | 안전성 | 응용성 |
|---|---|---|---|---|---|
| SMS | ● | ○ | ● | ◔ | ○ |
| 모바일 웹 | ◑ | ◔ | ◑ | ◑ | ◑ |
| 모바일 고객 응용 | ○ | ● | ● | ● | ● |

주 : ●(아주 강함), ◕(강함), ◑(보통), ◔(약함), ○(아주 약함)

[표 3-7] 모바일뱅킹 서비스 분류(국내 모바일뱅킹 서비스 현황 및 향후 발전 방향, 황성구, 2010.)

| 유형 | | 주 이용자 | 계좌정보 | 송수신 데이터 | 비고 |
|---|---|---|---|---|---|
| WAP | | 2세대 이전 | 서버 | ▸화면용 웹에디터<br>▸고객인증, 계좌정보<br>▸거래 관련 정보 | 과다한 거래시간 및 비용 |
| VM | | 3세대 | 서버(메모리 임시저장) | ▸고객인증, 계좌정보<br>▸거래 관련 정보 | 별도의 하드웨어 불필요 |
| IC 칩 | 금융 IC칩 | 2세대 이전 | 금융 IC칩 | ▸거래 관련 정보 | 각 은행별 칩 발행 |
| | USIM | 3세대 | USIM칩 | ▸거래 관련 정보 | 칩 공동사용 |
| 스마트폰 | | 3~4세대 | 서버 | ▸고객인증, 계좌정보<br>▸거래 관련 정보 | 서비스 확장성 큼 |

### 3.3.1.1 모바일 뱅킹 형태와 구현 기술

모바일 뱅킹은 형태와 구현기술에 따라 구분될 수 있는데, 우선 형태에 따라서 SMS, 모바일 웹, 모바일 고객 응용 프로그램으로 분류할 수 있다. *SMS*는 구식의 접근방식으로 어떠한 접점도 없으며, 거의 모든 금융기관에서 금융활동을 알리는 것에 한하여 사용하고 있다. 또한, *모바일 웹*은 모바일 장치에서 표현을 위한 최적화된 인터넷 사이트로 핸드폰 화면에서 고전적인 인터넷 은행 업무를 볼 수 있는 방법이다. 마지막으로 *모바일 고객 응용프로그램*은 "보고 느낌(look-and-feel)"의 특징을 고려하여 대다수 핸드폰 가입자를 위해 고안된 독립형 응용프로그램으로 모바일 뱅킹의 주류를 이룬다.

또한, 구현기술에 따라서 다음 [표 3-7]과 같이 WAP, VM, IC칩, 스마트 폰 방식으로 분류할 수 있다.

### 3.3.1.2 모바일 뱅킹 특징

모바일뱅킹 특징은 첫째로 ***고객 생활의 일부분화***이다. 미국의 chadwick martin bailey사의 조사에 의하면 스마트폰과 테블릿 PC를 모두 소지한 고객의 71%, 스마트폰 소지자의 51%가 모바일뱅킹을 이용하고 있다. 모바일뱅킹을 통한 주요 행동은 잔액조회, 거래조회, 계좌이체, 신용한도 조회,

[표 3-8] 은행 채널별 특성 및 장·단점

| 구분 | 주요 특성 | 장점 | 단점 |
|---|---|---|---|
| 지점 | ▸직원 직접 대면<br>▸거래처리 신뢰성 | ▸인간관계에 의한 서비스 친밀성<br>▸실명확인 등 필수 금융거래 직접 확인<br>▸금융거래 서류제출 등 다양한 거래 가능 | ▸직접대면 상담 가능<br>▸금융거래 대기시간 有<br>▸거래처리 절차 복잡<br>▸지점방문으로 기회비용 발생 |
| 인터넷 뱅킹 | ▸고객 Self형 금융거래<br>▸유선인터넷 접속 필요<br>▸접속료 등 비용절감<br>▸웹 화면을 통한 거래 | ▸거래 수수료 저렴<br>▸지점방문에 대한 기회비용 절감<br>▸무선대비 유선 네트워크 안정성 확보<br>▸지점 대비 금융거래 채널비용 절감 | ▸개별 인간관계에 의한 친밀성 無<br>▸실명확인 금융거래 불가<br>▸초기개발비용 필요<br>▸초기 이용자 금융 거래 학습비용 발생 |
| 모바일 뱅킹 | ▸고객 Self형 금융거래<br>▸무선인터넷 접속 필요<br>▸이동통신사 직접 연계 서비스<br>▸이동성, 즉시 접속성 | ▸거래 수수료 저렴<br>▸지점방문에 대한 기회비용 절감<br>▸지점 대비 금융거래 채널비용 절감<br>▸이동성, 편리성 등 모바일 특성 존재 | ▸개별 인간관계에 의한 친밀성 無<br>▸초기개발비용 필요<br>▸초기 이용자 금융거래 학습비용 발생<br>▸월정액 등 이동통신 사용료 발생 |

청구서 지불, 점포위치 조회 순이다. 특히, 모바일뱅킹 고객의 1/3이 재무관리 응용관리프로그램을 다운로드 받는 등 저축에서 투자로의 고객 금융마인드의 변화가 모바일뱅킹에서도 나타나고 있다.

두 번째로 ***이동성과 편리성***이다. 점포는 직원과의 직접 대면을 통한 금융거래 확인과 개별 인간관계를 바탕으로 한 서비스 친밀성이 높은 반면, 금융거래 대기시간이 길고, 은행 영업점 방문에 따른 기회비용이 발생한다. 모바일뱅킹은 금융거래 수수료가 저렴하고, 은행 방문 없이도 금융거래가 가능하므로 언제 어디서나 금융거래가 가능한 이동성과 편리성이 강하다.

### 3.3.1.3 모바일 뱅킹 서비스 사례

#### 1) BBVA은행 – tu cuentas

스페인의 BBVA 은행은 2008년부터 고객이 원하는 형태로 웹 화면 내 서비스를 변경시켜 사용 가능한 'tu cuentas'라는 온라인 개인자산관리 서비스를 제공한다. 개인별 소비 성향에 맞는 개인화 상품을 제공하고 온라인/모바일 동일한 UX[34]를 제공한다(〈그림 3-14〉).

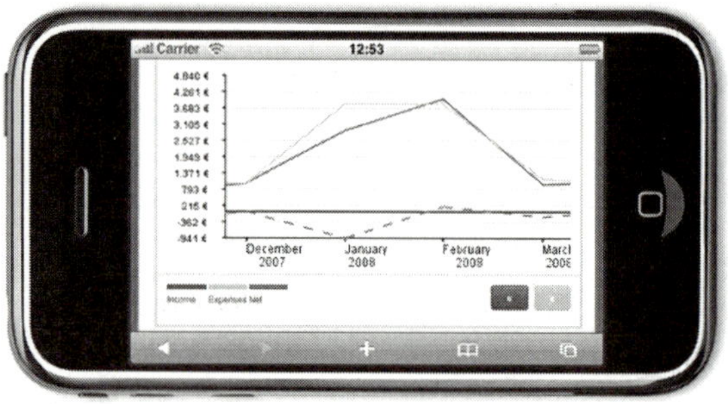

〈그림 3-14〉 BBVA의 tu cuentas

- 사용자 그룹과 소득/지출비교, 입출금 관리, 설정 예산액 초과 시 지출 경고, 사용 내역별 지출 관리 및 개인별 소비/지출 행위에 적합한 상품 정보 서비스 등을 제공한다.
- 도입 1년이 안 돼 48만 명의 신규 등록자를 확보 하였으며, 이들의 사이트 체류시간은 기존 사용자에 비하여 약 2배에 이른다.
- 아이폰, 블랙베리, 노키아 등의 스마트폰에서도 동등한 개인자산관리 서비스를 제공함으로써 온라인과 모바일 채널간의 채널 통합을 통한 향상된 고객 경험을 제고한다.

### 2) PNC 은행 - Virtual Wallet

미국 PNC 은행은 20대 고객 군을 타깃으로 'Virtual Wallet'이라는 개인자산관리 서비스를 제공하고 있으며 런칭 후 수개월 동안 20대 고객군의 70%가 서비스에 등록되어 있다. 화면의 돼지를 터치하거나 흔들면 지출계좌에서 저축 계좌로 소액이 저축되는 'Punching the Pig'라는 재미있는 경험을 통해 사용자의 저축행위를 유발시키고 있다. 단말 하드웨어의 이동 감지 센서를 이용하여 재미를 높인 서비스이다(〈그림 3-15〉).

34) UX(User Experience) : 사용자가 어떤 시스템, 제품, 서비스를 직, 간접적으로 이용하면서 느끼고 생각하게 되는 총체적 경험을 말한다. 단순히 기능이나 절차상의 만족뿐 아니라 전반적인 지각 가능한 모든 면에서 사용자가 참여, 사용, 관찰하고 상호 교감을 통해서 알 수 있는 가치 있는 경험이다.

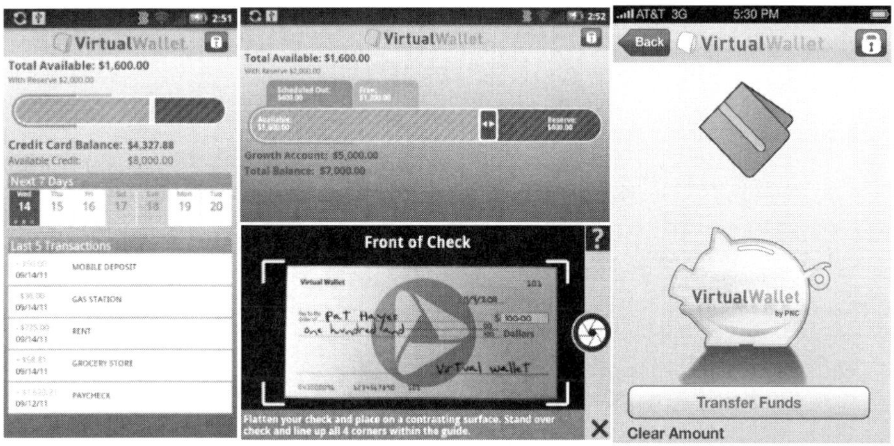


〈그림 3-15〉 PNC의 Virtual Wallet

〈그림 3-16〉 KB 국민은행 '스마트폰 적금'

### 3) KB 국민은행 - 스마트 폰 적금

KB 국민은행은 스마트폰 전용 상품 등 다양한 서비스를 통해 2011년 12월 국내 최초 스마트폰 가입자 200만 명을 달성했다. 절약한 항목의 아이콘을 클릭하면 해당 금액만큼 적립 계좌로 이체된다. 적립을 많이 할수록 농장의 Level이 올라가는 게임 요소를 도입하여 고객이 적립하는 과정에서 즐거움을 느낄 수 있도록 했다. 게임 형식이 쉬운 화면 구성으로 상품 이용의 즐거움을 높인다(〈그림 3-16〉).

〈그림 3-17〉 신한카드 'Smart 주문'

#### 4) 신한카드 - Smart 주문

신한카드의 Smart 주문은 커피 등을 스마트폰을 통해 미리주문/결제하여 매장에서 기다릴 필요 없이 바로 TAKE-OUT 할 수 있는 생활 편의 서비스이다. 서비스 제공 매장을 선택하고 주문 상품은 Push Message를 통해 실시간으로 고객에게 안내된다. 일상생활의 편의와 재미를 높임과 동시에 카드사용을 유도하는 목적의 서비스를 제공하고 있다(〈그림 3-17〉).

#### 5) 신한카드 - AR 기술

"신한카드 가맹점 AR 검색 서비스"는 카드사 대 고객 서비스를 AR로 구현한 최초사례이며, 할인 및 기타 여러 서비스를 제공하는 가맹점을 증강현실 혹은 키워드로 검색서비스를 제공한다. AR모드에서는 스마트폰 카메라로 내 눈앞의 지역을 비추어 신한카드 우대 가맹점 검색 서비스를 제공한다. 또한, 지도를 통해 내가 위치한 지점의 주변 우대 가맹점 정보 검색 등을 통해 언제 어디서든 가맹점이나 포인트 가맹점, 쿠폰 가맹점 등을 조회할 수 있다(〈그림 3-18〉).

#### 6) 하나 SK 카드의 - Mobile Payment

모바일 신용/선불/체크카드 등 편리한 모바일 사용자들을 위한 모바일 결제 서비스를 제공한다. 또한, 카드발급, 이용, 조회, 쿠폰서비스를 제공한다. 하나SK 카드는 신용카드 업계 최다인 14종 모

〈그림 3-18〉 신한카드 '타운 맵'

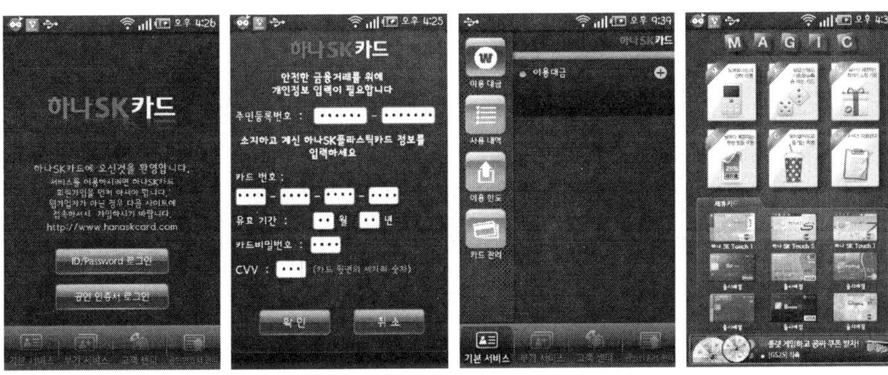


〈그림 3-19〉 하나SK '모바일카드'

바일 카드를 내놓고 있고, 전체 모바일 신용카드 이용 고객의 90%에 해당하는 7만 명의 모바일 카드 사용자를 확보하고 있다(〈그림 3-19〉).

### 7) Google Wallet – Mobile Payment

Google이 2011년 5월에 발표한 모바일 기기의 근거리무선통신 NFC(Near Field Communication) 기술을 이용한 '구글 지갑(Google Wallet)' 서비스를 공개했다(〈그림 3-20〉). 구글 지갑 서비스는 씨티은행, 마스터카드 등 금융기관이 파트너로 참여하여 우선 미국 뉴욕과 샌프란시스코 지역에서 시범 운영한 후 본격 서비스할 예정이다.

〈그림 3-20〉 Google의 'Wallet Mobile Payment'

기본적인 모바일결제 서비스뿐 아니라 모바일 결제 활성화를 위한 Offering 서비스도 함께 제공한다. *NFC 기술은 10m이내 짧은 거리에서 13.56MHz 대역의 주파수를 이용해 무선으로 통신할 수 있는 기술이다.* 전송속도는 1Mbps 수준으로 느려 영상이나 음악파일 등을 전송하기는 어렵지만, 읽기는 물론 쓰기까지 할 수 있다는 장점이 있다. 신용카드 정보를 전송하거나 쿠폰을 주고받는 등 구글 지갑 기술에 쓰이기에는 안성맞춤인 셈이다. 사용자는 구글 지갑에 신용카드나 기프트카드, 쿠폰 등을 저장하고 NFC 인식 결제 단말기에 스마트폰을 가까이 대면 결제할 수 있다. 결제 단말기는 우리나라의 대중교통 단말기를 생각하면 이해하기 쉽다. 식당을 비롯한 구글 지갑 지원 매장은 NFC 전용 단말기를 따로 설치해야 한다는 단점이 있지만 미국 내에선 이미 12만 여곳에 NFC 단말기를 설치해 운영 중이다. 미국을 제외하면 전 세계에서 30만개의 NFC 결제 단말기가 설치돼 있다.

### 3.3.2 모바일 게임(Mobile Game)

모바일 게임은 일반적으로 휴대 전화나 스마트폰, PDA, PMP 등의 휴대용 기기를 통해 즐길 수 있는 게임을 말한다. PSP(PlayStation Portable)나 닌텐도 DS와 같은 게임 전용기기를 기반으로 즐기는 '핸드 헬드 게임(Hand held Game)'은 모바일 게임의 범주에 포함하지 않는다.

모바일 게임은 〈그림 3-21〉과 같이 4단계 진화과정을 거쳐서 현재에 이르게 되었다. 1970년대부터 발달하기 시작한 전자게임은 아케이드 게임[35], 콘솔 게임[36], PC온라인 게임, 모바일 게임으로 발전했다. 1980년대 콘솔게임 도입으로 전자오락실 중심에서 가정, 사무실 등으로 게임 이용 공간이

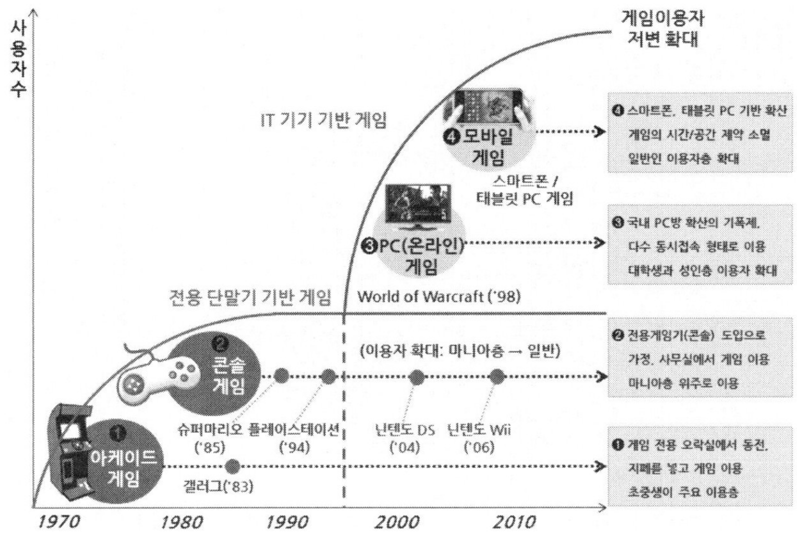


〈그림 3-21〉 게임의 4단계 진화 과정

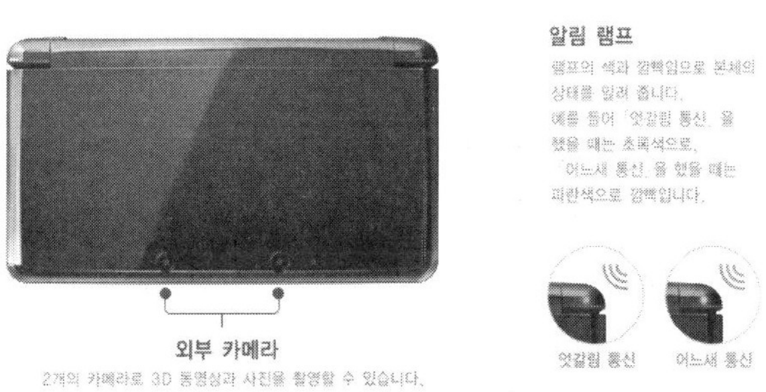


〈그림 3-22〉 닌텐도 DS Wii (http://www.nintendo.co.kr/3DS/intro/3DS−intro01.php)

확대되었고 산업적으로도 고도화되었다. 1990년대 후반 온라인 게임의 태동과 2000년대 중반 닌테도 DS, Wii(〈그림 3-22,23,24〉)등의 출시를 계기로 게임 사용자층이 일반 대중으로 확대되었다. 닌

35) 아케이드 게임(Arcade Game) : 동전, 지폐 또는 이를 대신할 수 있는 유가 증권(코인 등)을 넣고 게임을 할 수 있는 기계를 지칭한다. 원래 아케이드는 대형 돔 아래에 밀집된 상점들이 있는 곳을 가리킨다. 이러한 곳에 설치된 게임기기를 아케이드 게임기라 한다.

36) 콘솔 게임(Console Game) : PC가 아닌 전용 게임기 등의 별도 기기에 TV나 모니터를 연결시켜 작동하는 게임이다.

〈그림 3-23〉 닌텐도 DS Wii(http://www.nintendo.co.kr/3DS/intro/3DS−intro01.php)

테도의 체험형 게임기 Wii(2206)는 게임에 친숙하지 않던 여성과 고령자 층에게도 크게 인기를 끌며 전 세계에서 8,600만 대 이상 판매되었다.

모바일 게임은 게임 사용자층을 전 연령대로 확대시키며 기존 게임 산업의 영역 파괴, 기술적 진화, 용도 확대 등을 촉진하였다. 전용게임기와 달리 스마트폰 등 모바일 게임기기는 개인이 상시 소지하면서 시간과 공간 제약 없이 이용할 수 있다는 측면에서 강력한 도구이다. 모바일 게임이 급성장하자 콘솔 게임과 PC게임 업체들이 모바일 게임 시장 진출을 위해 영역파괴 경쟁을 하는 것은 물론 일반 기업들의 모바일 게임 활동도 증가하였다. 증강현실, LBS, SNS(Social Network Service)[37]등 모바일 기기의 기술, 서비스, 비즈니스모델과 게임이 결합되어 게임 산업의 진화가 촉진되었다.

37) SNS(Social Network Service) : 온라인 인맥구축 서비스이다. 1인 미디어, 1인 커뮤니티, 정보 공유 등을 포괄하는 개념이며, 참가자가 서로에게 친구를 소개하여, 친구관계를 넓힐 것을 목적으로 개설된 커뮤니티형 웹사이트이다.

〈그림 3-24〉 닌텐도 Wii(http://www.nintendo.co.kr/together-wii/tvcm03.html)

CHAPTER **04**

# Car's Ubiquitous

# CHAPTER 04 Car's Ubiquitous

차에서의 유비쿼터스의 일례로, 자동차를 기반으로 이동통신, 인터넷, 카 네비게이션등을 통해 각종 정보를 실시간으로 주고받을 수 있는 자동차용 원격정보 서비스인 **텔레매틱스**와 이동통신망을 기반으로 사람이나 사물의 위치를 정확하게 파악하고 이를 활용하는 응용시스템 및 서비스인 **LBS**에 대해서 살펴본다. 또한, 달리는 차안에서 무선 또는 적외선 통신을 이용하여 통행료를 지불하는 자동요금수납시스템(ETCS : Electronic Toll Collection System)인 **하이패스**와 영상, 음성 등의 다양한 멀티미디어 서비스를 제공하는 방송 서비스인 **DMB** 서비스에 대해서 자세히 살펴본다.

## 4.1 텔레매틱스(Telematics)

*텔레매틱스는 통신기술(telecommunication)과 정보과학(Informatics)의 합성어로 무선통신, 컴퓨터, 인터넷, 그리고 멀티미디어 산업을 모두 포함하는 기술의 융합체라 할 수 있다.* 좁은 의미로는 자동차를 기반으로 이동통신, 인터넷, 카 내비게이션 등을 통해 각종 정보를 실시간으로 주고받을 수 있는 자동차용 원격정보 서비스를 의미한다. 이러한 서비스를 통해 이용자들은 교통상황을 포함한 각종 도로교통정보를 파악, 대응할 수 있으며, 차량안전, 보안, 진단, 커뮤니케이션, 내비게이션, 그리고 개인화된 정보 서비스까지도 제공받을 수 있다. 즉, 이동통신, 자동차, 단말기, 콘텐츠와 애플리케이션이 상호 유기적으로 연관된 '자동차용 차세대 정보제공 서비스'로 정의할 수 있다.

GPS[1])와 무선통신망을 이용한 텔레매틱스 서비스가 높은 자동차 보급률을 기반으로 최근 각광받고 있다. 교통·위치정보, 음악다운로드 등 단순서비스에서 최근에는 DMB[2]), 3차원 입체영상 네비게이션 등 첨단시스템을 차량에 탑재하기 시작했으며 국내외 모두 텔레매틱스 서비스 활성화를 위해

1) GPS(Global Positioning System) : 현재 완전하게 운용되고 있는 유일한 범지구위성항법시스템이다.

2) DMB(Digital Multimedia Broadcasting) : 디지털 영상 및 오디오 방송을 전송하는 방송기술로, 휴대전화, MP3, PMP등의 휴대용 기기에서 텔레비전, 라디오, 데이터방송을 수신할 수 있는 이동용 멀티미디어 방송의 목적으로 개발되었다. 대한민국에서 최초로 개발한 기술이다.

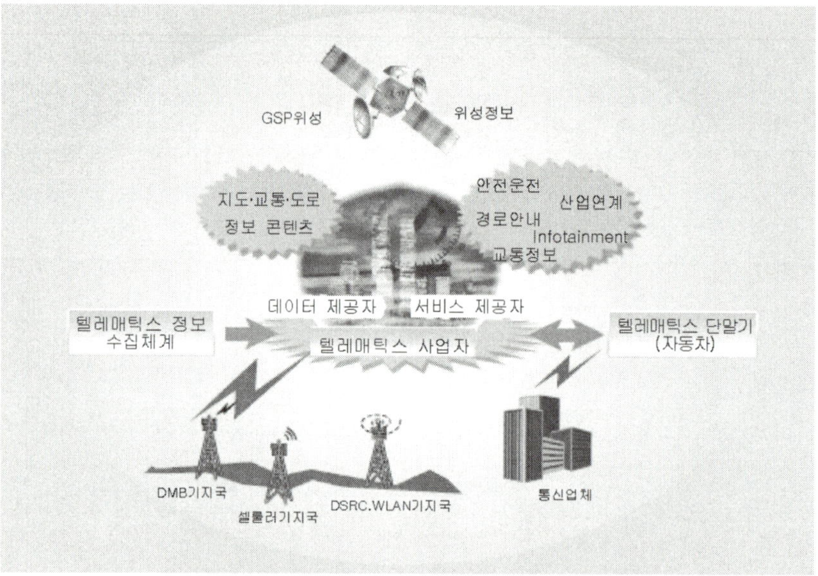


〈그림 4-1〉 텔레매틱스 개념도(정보통신부 「IT389전략기술개발 Master Plan」, 2005. 6.)

연구개발 및 상용화에 역점을 두고 추진 중이다. 미국·일본·유럽은 텔레매틱스 산업기반 확충, 텔레매틱스용 소프트웨어 개발, 제도 정비 등에 박차를 가하고 있는 상황이며 국내에서는 제주도를 중심으로 텔레매틱스 시범사업을 추진, 현재 렌터카에 단말기를 부착하여 길안내, 여행 도우미등 다양한 서비스 제공 중이다. 다음 〈그림 4-1〉은 탤레매틱스 개념도를 나타내었다.

운전 시 필요한 정보를 운전자에게 제공하는 텔레매틱스는 운행정보뿐 아니라, 정비, 보험 업체와 연계해 각종 차량관리, 뉴스 등 부가정보도 제공한다. 위치정보는 차량의 위치에 따라 특화된 정보를 제공하고 보험사 및 정비업체가 차량을 쉽게 찾을 수 있도록 하는데 주로 활용된다. 다음 〈그림 4-2〉는 Lexus Gen V navigation system을 보이고 있다.

GM(OnStar), 도요타(G-Book), BMW(Assist), 메르셰데스벤츠(TeleAid), 현대(Mozen, BlueLink) 등 다수 자동차 업체가 서비스를 제공하고 있다. GM의 온스타(OnStar)(〈그림 4-3〉)는 차량 위치 정보를 기초로 운전, 사고 처리, 유지보수 등과 관련된 토털 솔루션을 제공한다. 위성 신호를 수신한 내장 GPS 수신기가 차량 위치를 인식하여 길을 안내하고, 사고 시 자동으로 중앙센터에 통보하며, 차량 도난 시 위치를 알려 줄 뿐 아니라 키를 분실할 경우 문을 열어주는 기능을 보유하고 있다.

또한 탤래매틱스는 택시 및 대중교통을 편리하고 안전하게 이용할 수 있도록 지원한다. 근방의

〈그림 4-2〉 Lexus Gen V navigation system

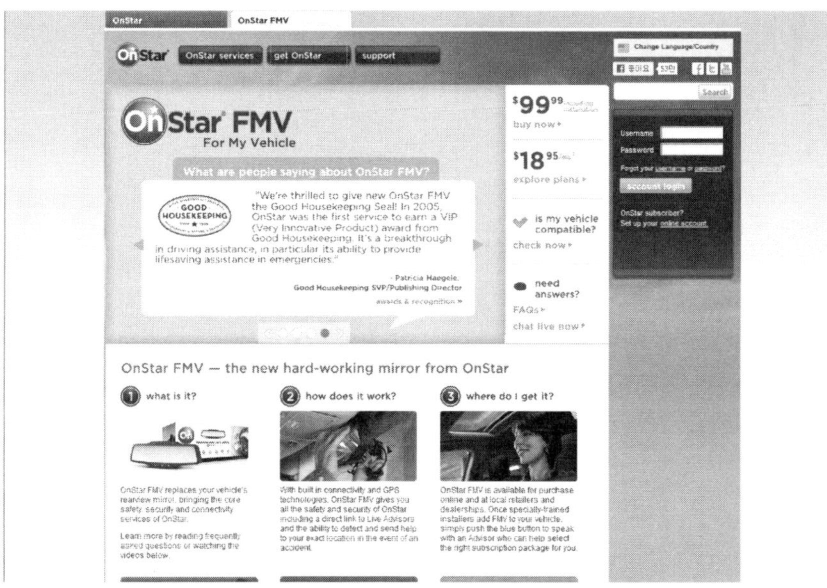


〈그림 4-3〉 https://www.onstar.com/web/fmv/home#

택시 위치들을 파악, 택시를 선택해 호출, 택시가 오는 것을 지도로 확인, 이용 후 서비스 평점 및 사용 후기를 기록한다. 웹의 북마크 기능처럼 선호 또는 비 선호 택시를 기록해 향후 이용에 참고하도록 한다. 지하철, 전철, 버스 등 대중교통의 도착시간 및 환승 안내 제공한다. 다음 〈그림 4-4〉은 관련 예로 CellACab 서비스를 나타내었다.

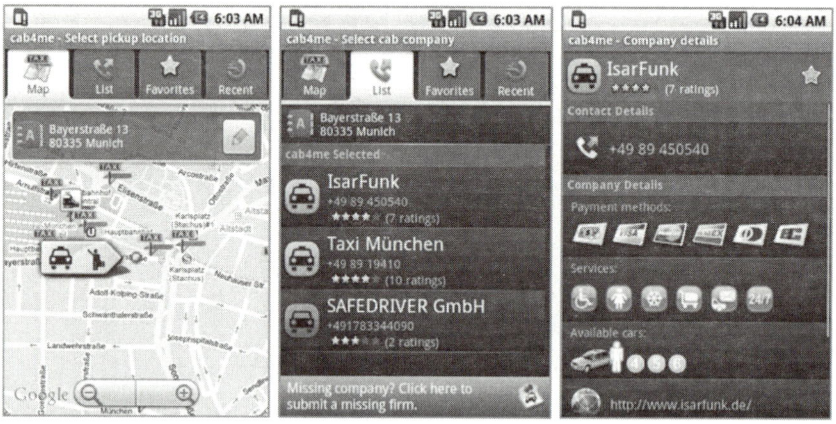

〈그림 4-4〉 CellACab 서비스의 활용 사례(http://Cab4me.com)

## 4.2 LBS(Local-Based Service)

*LBS는 위치기반 서비스로 통칭되며 이동통신망을 기반으로 사람이나 사물의 위치를 정확하게 파악하고 이를 활용하는 응용시스템 및 서비스라고 일반적으로 정의한다.* 처음 군사용으로 출발한 LBS는 그 효용성이 입증되면서 교통, 치안 등 공공부분에서 널리 활용되고 있다. 특히 GPS 수신칩 가격 하락, 지리정보 축적, 정부 정책 등에 힘입어 2004년 이후 내비게이션을 중심으로 LBS의 상업화가 급진되었다. 2007년부터 휴대폰, PDA 등 모바일 기기에 GPS 기능이 본격적으로 탑재되고

[표 4-1] 주요 위치인식 기술의 비교

| 구분 | 시스템 구성 | 오차범위 | 지리적 가용성 |
|---|---|---|---|
| GPS | 인공위성, 지상 관제국, GSP수신기 | 13~20m | 실내와 건물밀집 지역에서 수신율 저하 |
| 이동통신망 기반 | 기지국, 위치인식 서버, 단말기 | 수백m 이상 | 이동통신망 가용 지역 |
| 센서네트워크 기반 | 근거리 무선통신망, 전자태그 | 1~99m | 근거리 무선통신망 가용 지역 |

〈그림 4-5〉 http://www.google.com/earth/index.html

미국의 맵퀘스트, 구글, 야후, AT&T, 버라이즌 등과 한국의 NHN, 다음, SK 커뮤니케이션즈 등 인터넷 포털 및 통신 사업자의 지도 기반 지역 정보 서비스도 증가하였다. 위치 정보의 효과적인 활용은 단순히 하나의 사업 분야에 그치지 않고 국가 전반의 가치를 높일 수 있는 전략적 자산으로 변화하고 있다.

휴대폰 속에 기지국이나 위성항법장치와 연결되는 칩을 부착해 위치추적 서비스, 공공안전 서비스, 위치기반 정보 서비스 등 위치와 관련된 각종 정보를 제공하는 서비스를 일컫는다. 즉, 무선 통신망을 통해 얻은 위치정보를 바탕으로 여러 가지 서비스를 제공하는 것이 위치기반 서비스이다. 크게 이동통신 기지국을 이용하는 *셀 방식*은 2000년을 전후해 개발, 보급되기 시작한 방식으로, *위치의 오차범위가 수 Km까지 날수 있어 정확한 위치를 찾기 어렵다. 반면 중계기 등을 이용하기 때문에 건물 안이나 지하 등의 위치도 찾을 수 있는 것이 장점이다.* *GPS 방식은 위성에서 보내는 위*

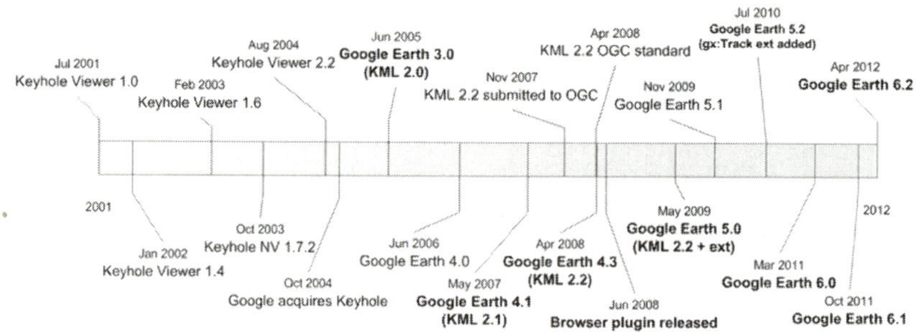


〈그림 4-6〉 Google Earth timeline(http://en.wikipedia.org/wiki/Google-Earth)

치정보를 휴대폰에 내장된 칩이 읽어 기지국에 알려주는 방식이다. 셀 방식에 이어 등장한 서비스로, 위치의 오차 범위가 넓어야 수백 미터밖에 되지 않아 거의 정확하게 위치를 알 수 있다. 그러나 위성 신호의 특성으로 인해 반사, 굴절이 잘되는 고층 건물이나 실내에서는 사용이 불가능하다.

최근 스마트폰에서 LBS를 무료 및 저가로 쉽게 이용할 수 있게 되면서 일반소비자용 모바일 LBS 활용이 빠르게 확산되고 있다. 2005년 Google Eatch 서비스(〈그림 4-5, 6〉)가 인터넷과 GIS[3]를 결합(일명 'GeoWeb'[4])한 일반 소비자용 LBS 시장을 창출했으나 네트워크 접속이 한정적이었다. 운수/물류 등 특정 산업에서는 업무용 PDA폰으로 LBS를 오래전부터 이용했으나, 일반소비자의 모바일 LBS 이용은 제한적이었다. 독립된 내비게이션 기기의 경우 유선망을 통해서만 데이터 다운로드가 가능해 지도정보의 지속적인 갱신이 불편하고 교통흐름, 주유가격 등의 정보를 실시간으로 업데이트하는 것도 불가능했다. 하지만, 최근에 미국 등 선진국에서 스마트폰이 급격히 보급되면서 일반 소비자들의 모바일 LBS 기능과 이용이 많이 확대되고 있다.

개인용 모바일 정보기기인 스마트폰을 활용해 위치정보에 이용자 정보, 증강현실[5], 소셜 네트워크[6]를 결합함으로써 LBS가 고도화되고 있다. GPS와 WiFi 망을 함께 활용해 실내외 어디서나 위치

---

3) GIS(Geographic Information System) : 지리정보를 수집, 저장, 분석, 표현하는 정보시스템으로 다양한 기업 및 정부조직이 활용한다.

4) GeoWeb : 위키피디아에서 지리좌표가 포함된 약 400만개 항목을 구글맵과 연계한 지도이다.

5) 증강 현실(AR : Augmented Reality)은 가상 현실(Virtual Reality)의 한 분야로 실제 환경에 가상 사물이나 정보를 합성하여 원래의 환경에 존재하는 사물처럼 보이도록 하는 컴퓨터 그래픽 기법이다.

6) 소셜 네트워크(Social Network) : 웹 사이언스의 연구 분야 중 하나로, 웹상에서 개인 또는 집단이 하나의 노드가 되어 각 노드들 간의 상호의존적인 관계에 의해 만들어지는 사회적 관계 구조를 말한다. 모든 노드들은 네트워크 안에 존재하는 개별적인 주체들이고, 타이는 각 노드들 간의 관계를 뜻한다.

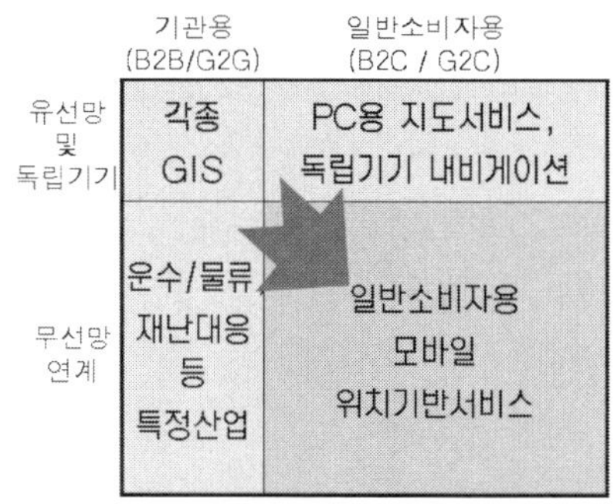


〈그림 4-7〉 LBS의 기능 및 범위 확대

[표 4-2] LBS의 세대별 비교

| 구분 | 1세대 LBS | 2세대 LBS |
|---|---|---|
| 위치정보 | 실외(GPS 또는 이동망) | 실외 + 실내 (GPS + WiFi망) |
| 결과물 표현 | 전자지도 | 전자지도+증강 현실(카메라 영상) |
| 이용자와<br>상호작용 | 이용자가 목적지 제시<br>→ LBS는 위치와 경로 탐색 | 이용자의 현재 및 방문예상 위치<br>→ LBS는 유용한 인근장소 발굴 |
| 이용자 간 연계 | 단일 이용자 중심 | 연관된 다수 이용자를 상호 연계 |

를 파악할 수 있고, 결과물을 지도뿐 아니라 카메라 영상과 함께 표현 가능하고 이용자의 형태, 취향 정보를 활용해 개인 맞춤형 서비스를 제공하고 정보 획득 및 활용 측면에서 소셜 네트워크를 활용하고 있다.

LBS 사업은 수요자(소비자, 기업, 공공) 및 서비스 성격에 따라 6가지 유형으로 구분되며, 각각의 대표적 사업으로는 위치기반 생활 정보 제공, 텔레매틱스, 지도기반 웹사이트 제작, 물류·자산관리 시스템, 위치기반 지리정보시스템, 지능형 교통시스템 등을 들 수 있다.

### 1) 위치기반 생활정보 제공

위치기반 생활정보 제공사업은 2005년 등장한 구글의 인터넷 지도서비스 '구글맵'이 큰 인기를 끌면서 특정 장소에 대한 사진, 정보 등 '나만의 지도'를 인터넷에 만들어 타인과 공유하거나 지역 업

〈그림 4-8〉 http://kr.iy.gugi.yahoo.com/lifemap/lifemap.html

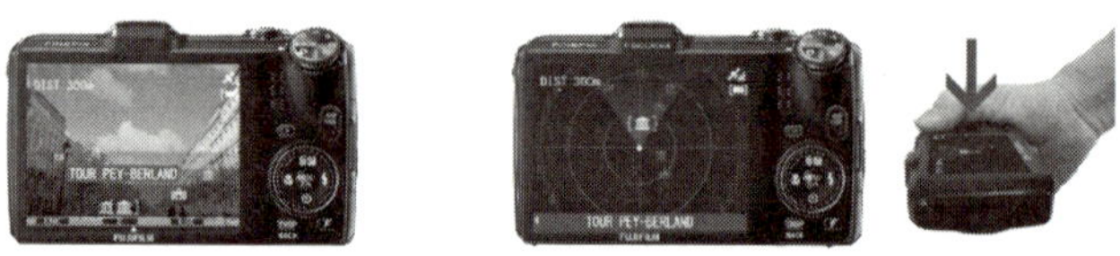

〈그림 4-9〉 후지필름의 GPS와 랜드 마크 내비게이터

체에 정보를 검색할 수 있게 하는 것이다. 포스트맵(NHN), 이야기 지도(SK커뮤니케이션즈), 라이프맵(야후코리아)(〈그림 4-8〉) 등이 대표적인 국내 지도 서비스 이다.

또한, 후지필름에서 GPS와 AR 기술을 적용한 디지털카메라를 출시했다. 랜드 마크 네비게이터 모드에서 장면의 구도를 맞추면 대형 3.0인치 LCD에 근방에 있는 랜드 마크와 다른 주요 지형지물의 방향과 거리가 아이콘으로 표시된다. 방향을 전환하면 새로운 랜드 마크 아이콘이 나타나고 렌즈를 아래쪽으로 향하면 1.5km 레이더 뷰에 랜드 마크가 표시된다. 또한 온보드 GPS 기능이 사진과 비디오 이미지에 위도 및 고도 또는 지명을 표시하므로 각 사진이 촬영된 장소를 즉시 식별할 수 있다(〈그림 4-9〉).

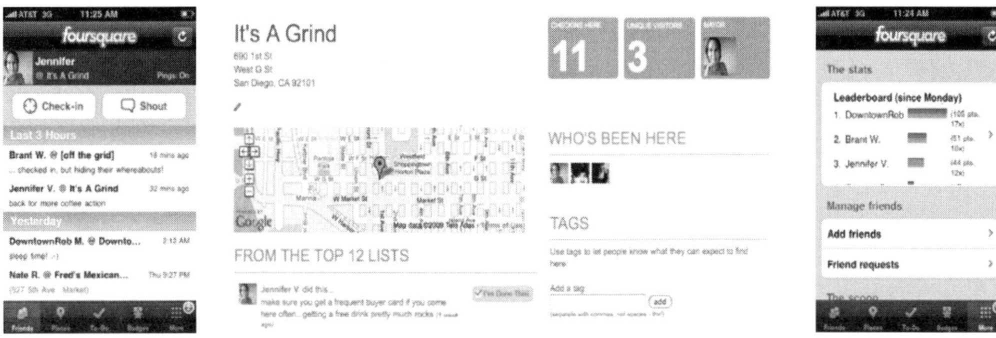


〈그림 4-10〉 위치기반 소셜 네트워크 서비스: Foursquare (Grove, J. V. (2009.7.25.) Foursquare :Why It May Be the Next Twitters. Mashable.])

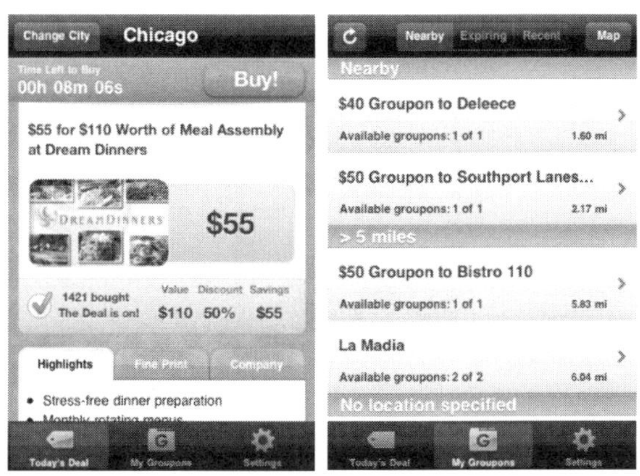


〈그림 4-11〉 지역기반 공동구매 소셜커머스 Groupon

뉴욕, 샌프란시스코, LA 등 국내외 대도시를 중심으로 Foursquare라는 위치기반 소셜 네트워크 서비스가 번성중이다(〈그림 4-10〉). 특정 장소에 대한 유용한 정보를 회원끼리 공유하며 특정 장소에 물리적으로 방문할 때마다 포인트를 제공하며 포인트 양에 따라 등급을 부여한다. 방문회수 통계를 매주 단위로 제공하며 사업자는 방문자의 등급에 따라 무료 음료를 제공하는 등 프로모션이 가능하다.

페이스북[7], 트위터[8] 등의 주요 소셜 네트워크 서비스와 연계해 지역기반 공동구매를 촉진하는

---

7) 페이스북(Facebook) : 2011년 9월 기준 전 세계 8억 명 이상의 액티브 사용자가 활동 중인 전 세계 최대의 소셜 네트워크 서비스이다.

8) 트위터(Twitter) : 무료 소셜 네트워킹 겸 마이크로블로그 서비스이다. 여기서 "트윗(tweet)"이란 말은 작은 새가 지저귀는 소리를 나타내는 영어 낱말이다.

〈그림 4-12〉 http://www.coupang.com/main.pang

〈그림 4-13〉 http://www.ticketmonster.co.kr/home/

〈그림 4-14〉 스마트폰에 기반 한 미국 ZipCar 서비스 이용(http://www.zipcar.com/ipone)

Groupon(Group + Coupon)과 같은 전자상거래 서비스도 등장함으로써 온라인 지인들이 특정 매장의 할인 상품을 공동 구매함으로서 오프라인으로 사교활동 확장이 가능하다(〈그림 4-11〉). 주요 도시별로 매일 흥미로운 판촉 활동이 제공되며 당일 내에 최소 인원이 신청하지 않으면 혜택은 소멸된다. 소비자들은 소셜 네트워크를 통해 지인들에게 구매를 적극 권유하게 되는데 국내에는 쿠팡(〈그림 4-12〉), 티켓몬스터(〈그림 4-13〉) 등과 같은 서비스가 대표적이다.

### 2) 텔레매틱스

차량 운행정보 및 관리 서비스를 제공하는 텔레매틱스 사업은 자동차 제조업체, 보험사 등 다양한 업체들이 참여하면서 시장 규모가 가장 크고 성장속도도 빠르다.

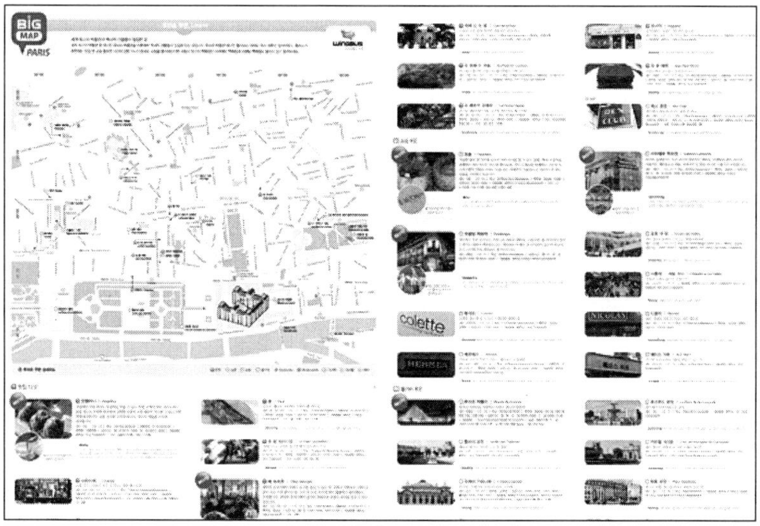

〈그림 4-15〉 윙버스(http://wingbus.com)

텔레매틱스의 다른 형태인 카셰어링 서비스는 여러 사람이 차를 공동 소유하고 필요할 때마다 일정 요금을 내고 이용하는 방법으로 도심과 주택가 도처에 보관소가 산재해 있다. ZipCar 서비스에서는 스마트폰으로 가용 차량 위치를 실시간 파악하고 예약하는 것은 물론 차량열쇠 기능도 수행한다(〈그림 4-14〉).

### 3) 지도기반 웹사이트 제작

기업의 상품정보를 지도와 연계, 제작하는 지도기반 웹사이트 제작 사업은 부동산 중개, 여행업체 등에서 주로 활용되고 있다. 부동산 중개 사이트에 매물로 나온 집의 주변 환경, 교통여건, 주변시설 등을 사전에 확인하는 것이 가능하다. 방문자들이 직접 찍은 사진과 느낀 소감을 인터넷 지도위에 기록한 여행사 사이트는 단순하게 관광명소만을 나열한 타 여행사 사이트와 달리 고객에게 생동감 있는 여행 정보를 제공한다. 지역 정보를 활용해 자사 웹사이트의 편의성과 가치를 제고함으로써 판매가 촉진되는 효과를 기대한다.

윙버스와 월드시티는 구글맵을 이용해 지도를 작성하여, 사용자들이 스스로 여행 계획을 세우고 실제 찾아갈 수 있는 가이드를 제시한다. 윙버스는 한국, 유럽, 일본, 아시아, 남태평양, 미주 도시

〈그림 4-16〉 월드시티(http://worldct.com)

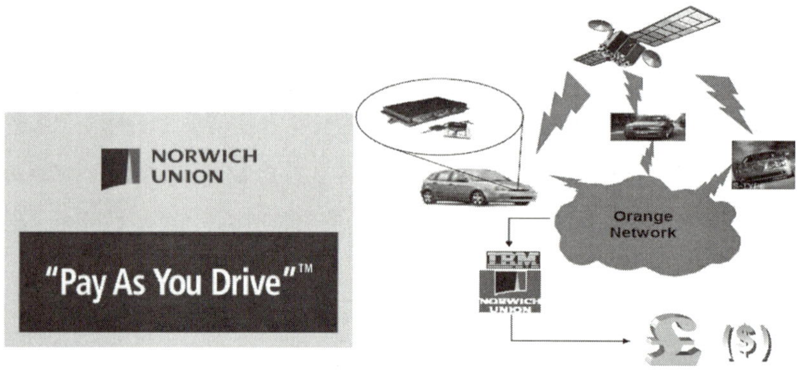


〈그림 4-17〉 Norwich Union의 'Pay-As-You-Dirve 보험

들의 여행관련 블로그 내용을 여행지 위치(관광명소, 맛집)별로 지도화 되어 있다(〈그림 4-15〉). 월드시티는 사용자가 지도위에 '맵포인트'를 정한 뒤 여행 평점을 매기며, 다른 사용자들도 해당 맵 포인트의 평점을 조절가능하다(〈그림 4-16〉).

#### 4) 물류 · 자산관리시스템

물류 · 자산관리시스템사업으로는 *위치추적을 통해 물류비를 절감하는 분야와 고객의 차량 사용량 등에 따라 요금을 책정하는 보험 서비스 분야*가 부상하고 있다. 물류와 관련해 위치추적 정보를 활용해서 공차율을 낮출 경우 상당수준의 물류비 절감이 가능하다. 위치추적을 통해 선박이나 화물차량의 현황을 모니터링 할 수 있고, 최적 경로 설정이 가능해지면서 물류비 절감이 가능하다. 내비게이션을 사용할 경우 길을 잃어 낭비하는 시간이 50% 감소하고, 연료 및 운행거리는 각각 10%, 8% 절감된다. 위치 추적 정보는 기업의 내부 효율성을 높이고 고객서비스 증진에도 기여한다. 국내외 택배업체들은 인터넷을 통해서 발송물의 위치를 실시간으로 알려주는 Tracking 서비스로 고객의 편의를 도모한다.

미국의 경우 렌트카의 25%에 GPS를 장착하여 도난 방지뿐만 아니라 운전자가 주 경계를 이탈해 운행하는지 파악한다.

또한, 영국의 Aviva 금융 그룹의 Norwich Union은 위치추적을 통해 자동차 운전형태에 따라 요금을 차별적으로 부과하는 보험 상품을 판매한다. 가입하면 GPS를 무료로 장착해주어 이를 기반으로 운전자의 시간별 운행경로 및 속도를 모니터링 한다. 운전자의 운행거리, 시간, 경로, 속도에 따른 개인별 보험료를 계산한다. 장착된 GPS를 활용한 응급 시 구조 서비스도 함께 제공한다(〈그림 4-17〉).

에스원은 동해안 선박의 입출항 및 안전 운항을 관리하는 LBS 시스템의 개발 및 운영프로젝트를 해양경찰청으로부터 수주한 것처럼 최근에는 위치기반 서비스가 점점 다양화되고 복잡해지면서 위치추적 및 관리를 전문기업에게 위탁하는 비즈니스 모델이 늘어나는 추세이다.

### 5) 위치기반 지리정보시스템

위치기반 지리정보시스템사업은 위치정보를 지리정보시스템과 결합하여 특정 지역을 통과하는 개인에게 교통사고, 범죄 빈도 등의 공공정보를 제공하는 것을 목적으로 한다. 오하이오 주립 대는 2007년에 교통사고 자료를 분석하여 도로, 시간대별 사고발생 확률을 지도상에 표시하는 프로그램을 개발했다. GPS, 센서 네트워크를 활용하여 주의 지역 내에서의 준수사항을 차량 스스로 인지할 수 있도록 안내한다. 불법주차 지역, 버스전용차로, 승용차 전용도로, 어린이 보호구역 진입여부 및 도로 제한속도 등을 안내한다.

한국의 에스원에서는 초등학교 앞 어린이보호구역(스쿨존)에서 운전자가 제한속도를 준수하도록 안내하는 U-스쿨존 서비스를 개발했다. 차량이 스쿨존에 진입하면 속도를 감지해 제한속도를 초과한 운전자에게는 감속하라는 메시지를 전송하고 위반 차량을 단속한다. 과속, 불법 주정차 차량의

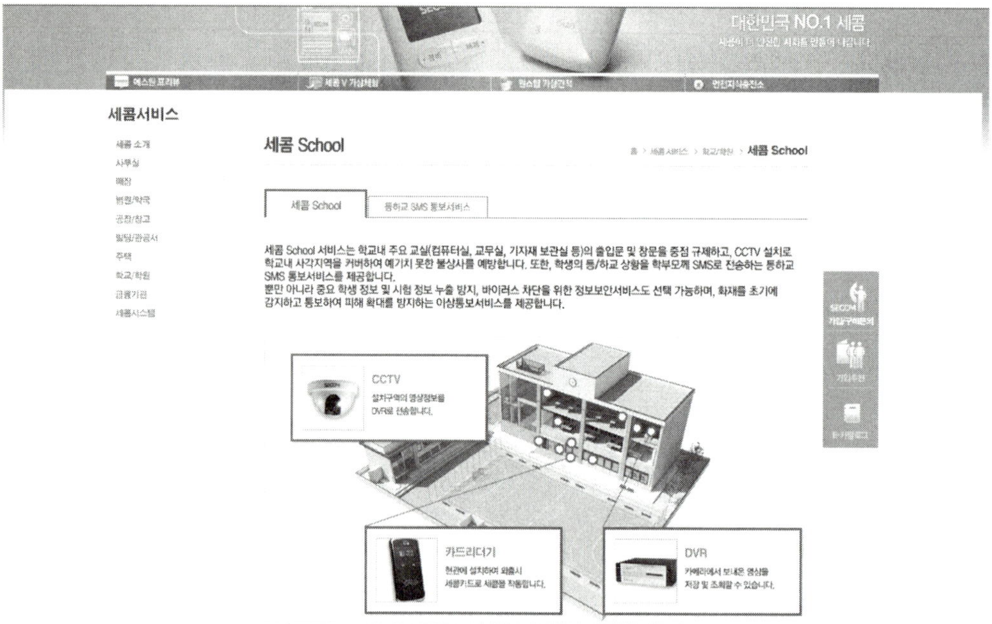


〈그림 4-18〉 https://www.s1.co.kr/secomservice/edu/secom-school01.jsp

사진을 촬영한 후 경찰청에 실시간으로 전송한다(〈그림 4-18〉).

미국은 주택과 거리의 정확한 위치를 입력하기 위해 GPS를 내장한 PDA를 이용해 '2010년 인구센서스'를 수행했다. 또한 미국 연방정보는 지방정부가 축적한 방대한 지리정보를 하나로 통합한 포털사이트 'geodata.gov'를 구축해 모든 이용자에게 개방했다(〈그림 4-19〉). 구글 등 민간 기업들도 과거에는 정부만이 제공할 수 있는 공공재로 인식되던 기초 지리정보를 일반에게 무료로 제공하고, 공공부문이 이를 다시 활용하는 사례도 확산되고 있다. 유엔환경프로그램(UNEP), 미국 국립공원관리국 등은 '구글어스'를 기반으로 환경정보, 국립공원 길 안내, 자연여행 동영상 등 다양한 공공정보를 제공한다(〈그림 4-20〉).

### 6) 지능형 교통시스템

지능형 교통시스템사업은 차량의 위치정보를 활용하여 도로 교통, 차량 안전, 대중교통 등을 효율적으로 관리하는 것이다. 효율적인 도로교통 관리를 위해 운행 중인 차량의 대수 및 위치정보를 활

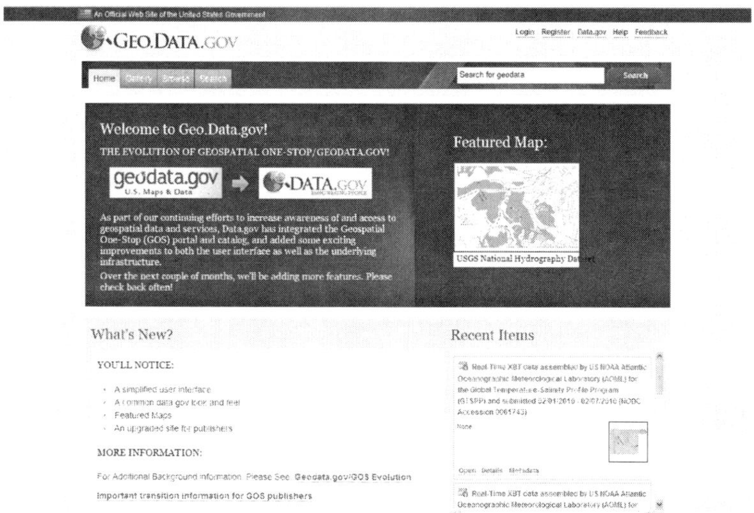


〈그림 4-19〉 http://geo.data.gov/geoportal/catalog/main/home.page

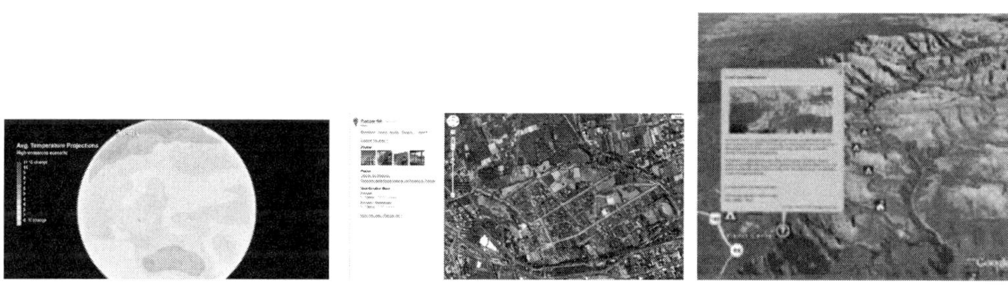

기후변화 유네스코 세계문화 유산 국립공원 산책로

〈그림 4-20〉 '구글어스'에 기반하여 제공되는 공공정보

용한다. 교차로 등에서 교통량을 감지해 신호의 길이나 간격을 조절함으로써 교통정체를 최소화한다. 매년 교통 혼잡 및 사고로 인한 사회적 비용이 증가하고 있다.

국내에는 주요 도로의 교차로 및 도로변에 교통량 감지 센서를 설치함으로써 신호간격을 교통량에 따라 조절하고 있다. 독일 아우토반에서는 톨 콜렉트의 '통행료 징수 시스템'을 이용하여 화물차에 한해 GPS를 통해 운행거리 및 속도를 자동적으로 계산하여 통행료나 과속 범칙금을 부과하고 있다. 런던은 2015년부터 혼잡도와 운행거리에 따라 도심 통행료를 차등징수 할 계획이다. 또한 미국, 일본 등에서는 현재 도로주행 중인 차량 간 사고, 교통상황 등에 관한 정보를 교환하는 시스템

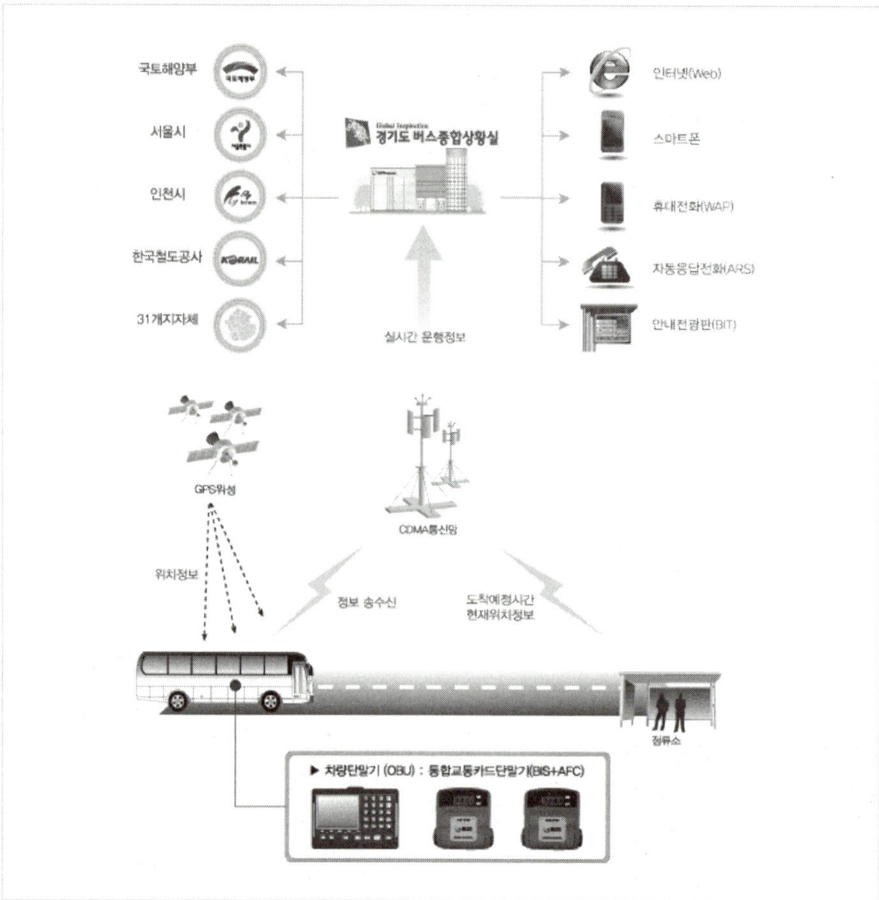


〈그림 4-21〉 경기도 버스 시스템 구성도(http://www.gbis.go.kr/)

을 개발 중이다.

국내에서는 버스 등 대중교통의 효율성을 제고하기 위해 버스 도착 예정 시간 및 노선 등을 실시간으로 안내하고, 교통수단의 실시간 위치정보를 종합하여 배차관리에 활용하고 있다. 서울시는 승객과 운전자에게 실시간 정보를 전송하는 시스템을 2004년부터 도입하여 활용하고 있다. 종합상황실은 버스의 위치를 GPS 장비로 파악, 분석하여 이를 다시 버스 운전자, 버스 회사, 이용자에게 전송한다. 버스 운전자는 앞뒤 차와의 간격들의 정보와 돌발사고 시 경고메시지를 수신하고 버스 회사는 자사 버스들의 위치를 실시간 모니터링하면서 효율적으로 배차한다. 이용자들은 휴대폰, 인터넷 등을 통해 버스 도착예정시간 등을 조회할 수 있다.

정류소 안내 전광판

승차예정 노선번호 표시기

〈그림 4-22〉 정류소 안내 전광판(http://www.gbis.go.kr/)

경기도에서는 서울시와 인접하고 31개 시군이 동일 생활권을 형성하고 있어, 행정구역간을 왕래하는 버스노선이 전체의 75%에 달하는 등 광역적인 교통특성에 효율적으로 대처하기 위해 전국 최초로 도 전체 시내버스 노선과 차량, 도로를 유출입하는 서울, 인천 시내버스의 정보를 통합 수집, 연계 제공하여 실시간으로 버스 운행정보를 제공하는 버스정보시스템을 구축하였다. 정보수집, 정보제공, 정보연계, 운행관리의 기능을 가지고 있으며, 정류소에 설치된 안내 전광판을 통해서 버스도착예정시간, 현재버스위치 등의 정보를 직접 제공하여 편리하게 버스 정보를 제고하며 버스 정보 외에 뉴스, 날씨 등의 생활정보도 함께 제공한다(〈그림 4-21, 22〉).

정부가 주도하는 지능형시스템은 주로 교통관리, 화물관리 및 차량안전 등을 중심으로 확대될 전망이다. 미국, 일본 등은 1990년대 초반부터 지능형교통시스템 및 응용시스템 개발을 추진하고 있다. 한국도 2007년부터 2020년까지 지능형교통시스템 구축을 위해 교통관리, 전자 지불 분야 등을 중심으로 총 3조원을 투자할 계획이다.

## 4.3 하이패스(Hi-pass)

*하이패스 서비스란 달리는 차안에서 무선 또는 적외선 통신을 이용하여 통행료를 지불하는 자동요금수납시스템(ETCS : Electronic Toll Collection System)*으로 한국도로공사의 고유 브랜드화된 것이며, 국내에서는 ETCS를 대표하는 명칭으로 사용되고 있다. 차량 내에 설치된 하이패스 차량단말

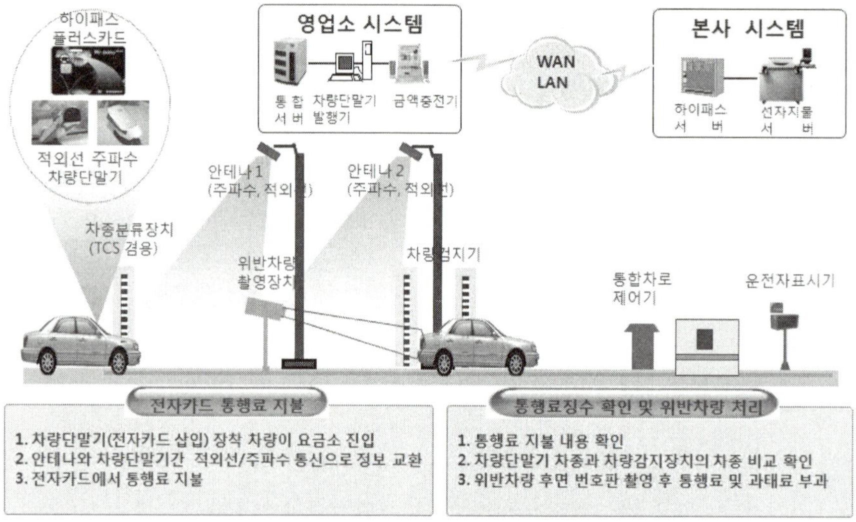


〈그림 4-23〉 하이패스 시스템 구성(http://www.hipassplus.co.kr)

기(OBU :OnBoard Unit)와 노변의 안테나 간 단거리 무선통신을 이용해 주행 중인 상태로 신속하고 간편하게 통행료를 지불하는 최첨단의 교통 서비스이다. 고속도로나 일반 유료도로의 통행료 수납을 위해 톨게이트에 설치되어 있으며 기본 시스템은 〈그림 4-23〉과 같다.

하이패스 시스템은 크게 본사서버 및 영업소와 차로설비, 차량탑재설비로 구분된다.

- 차량탑재설비 : 하이패스 단말기와 전자카드로써 하이패스 차로설비와 통신을 통해 요금정산이 이루어진다.

- 차로설비 : 차종분류장치 및 차량감지장치와 무선통신장치, 위반차량 촬영장치, 차단기 시스템 설비 및 운전자표시기, 안내전광판, 신호등으로 나뉘며, 이들 장비들과 인터페이스를 통해 요금수납 업무를 주관하는 통합차로제어기로 구성된다.

〈그림 4-24〉 단말기와 하이패스 플러스 카드(http://www.hipassplus.co.kr)

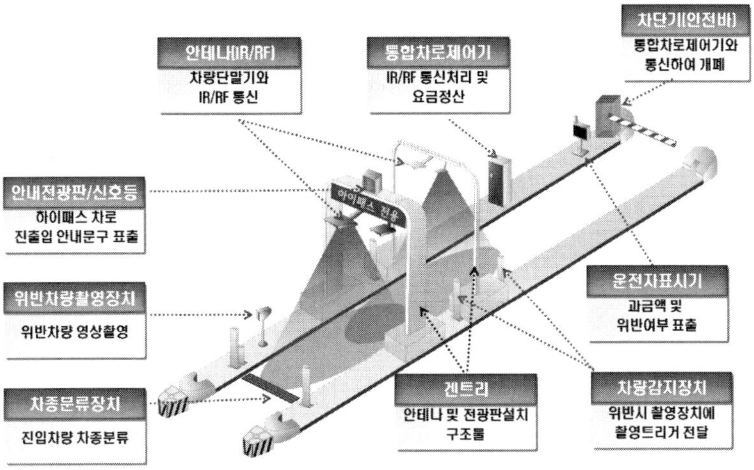


〈그림 4-25〉 하이패스 시스템 개념도(http://www.hipassplus.co.kr)

- 영업소 설비 : 위반촬영주제어기 및 운영 PC와 금액충전 PC, 차단기 리모콘 및 인터폰, 영업소 주전산기로 구성, 하이패스 단말기와 통신된 데이터들은 영업소 서버를 거쳐 한국도로공사 자가 망을 통하여 본사 주전산기로 기록된다.

하이패스를 사용하기 위해서는 단말기와 하이패스 플러스 카드가 필요하다. 우선 단말기는 차량 내에 부착하여 요금소 안테나와 각종 정보를 주고받는 무선 송·수신 장치로서 주파수 방식과 적외선 방식으로 구분된다. 또한, 하이패스 플러스 카드의 경우는 단말기에 삽입하여 사용하며, 전자화폐와 유사한 충전식선불카드로서 반영구적 사용가능하다(〈그림 4-24〉).

현재 운영되는 하이패스 시스템의 세부적인 구성요소들은 〈그림 4-25〉에서 보는 것과 같다.

- 차종분류 장치 : 진입차량 차종을 분류하는 장치
- 위반차량 촬영 장치 : 위반차량 통과시 차량번호를 촬영하는 장치
- 안내 전광판/신호등 : 차로 운영상태 및 안내 문구를 표출하는 장치
- 안테나(주파수/적외선) : 단말기로부터 수신된 신호를 시스템에 전송하는 장치
- 차량감지 장치 : 차량 통과여부를 체크하여 위반차량 통과 시 촬영 장치에 신호를 전달하는 장치

- 통합차로제어기 : 단말기와 통신하여 얻은 데이터를 관리하고 차로 시스템 주변기기를 제어하는 장치
- 운전자 표시기 : 요금수납 정보 및 처리 결과를 운전자에게 알려주는 장치
- 차단기 : 차로를 통과하는 차량을 제어하는 장치

## 4.4 DMB(Digital Multimedia Broadcasting)

*DMB는 영상, 음성 등의 다양한 멀티미디어 서비스를 제공하는 방송 서비스이다.* DMB 서비스는 디지털 방송 기술을 이용하여 이동 중에 TV 동영상, 라디오 및 문자방송 수신이 가능한 서비스로 CD 수준의 음질과 데이터 또는 영상서비스 등이 가능하고, 우수한 고정 및 이동 TV 품질을 제공하는 디지털 방식의 통신과 방송이 융합된 멀티미디어 이동방송 서비스이다.

DMB는 이용자 측면에서 고화질의 음성과 동영상, 데이터 서비스의 이동 중 수신이 가능한 서비스로서 라디오, 흑백 TV, 컬러 TV로 발전해 온 방송서비스에 휴대이동수신이라는 새로운 개념의 킬

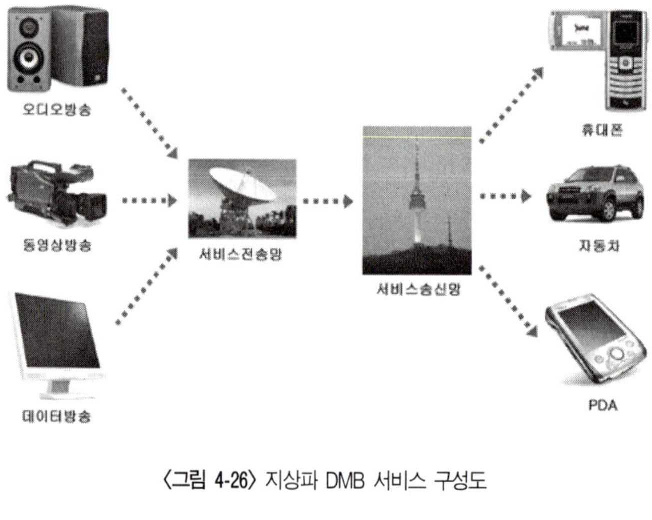


〈그림 4-26〉 지상파 DMB 서비스 구성도

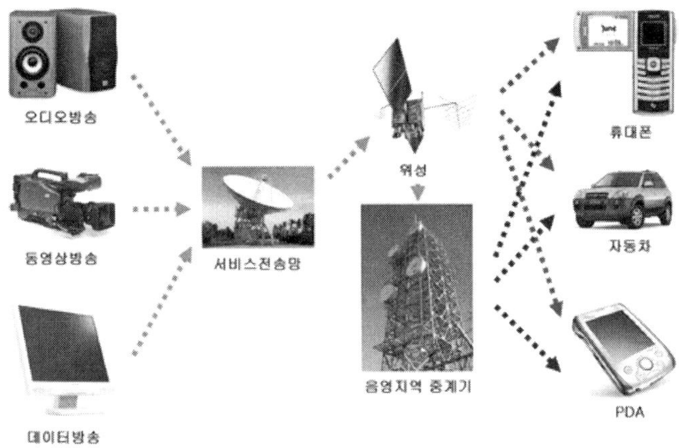


〈그림 4-27〉 위성 DMB 네트워크 구성도

러 서비스로 성장할 것으로 기대되며, 또한 사업자 측면에서 방송과 통신의 고유 영역 간 경계를 허무는 이종산업간 연계서비스의 제공이라는 점에서 통신, 방송 융합의 대표적인 서비스로 자리매김 하고 있다.

이동멀티미디어방송으로 분류되는 DMB는 전송매체에 따라 지상파 DMB와 위성 DMB로 나뉜다. *지상파 DMB*는 지상의 방송센터가 송출한 내용을 지상의 송신탑이나 중계기 등에서 되받아 사용자의 단말기에서 직접 또는 간접으로 수신하는 방식인 반면, *위성 DMB*는 방송센터가 송출한 내용을 받은 위성이 중계기를 거치거나 직접 사용자에게 전달하는 방식으로 사용자가 이용하는 서비스 측면에서는 차이가 없다. 다음은 지상파 DMB와 위성 DMB의 서비스 구성도를 나타낸 것이다(〈그림 4-26, 27〉).

일반적으로 사용자 단말기는 일반 DMB 서비스 휴대폰, 스마트폰, DMB 전용 수신기, 차량용 수신기로 나눌 수 있다. 휴대폰 겸용 DMB의 경우 피처폰이나 DMB 전용 스마트폰에서 일반 TV, 라디오 방송을 시청할 수 있으며 스마트폰의 경우 전용 어플을 다운받아서 무선통신망을 통해서 시청할 수 있다. 차량용 DMB 단말기는 전용 DMB나 차량항법장치와 컨버전된 형태로 많이 사용하고 있다. 일반적으로 TV 수신 모듈이 내장된 5~7인치 LCD 터치 모니터를 활용해서 주로 지상파 DMB 서비스를 하고 있다.

DMB2.0은 지상파 DMB가 TV, 라디오 중심의 서비스라는 인식을 벗고 진정한 방송통신 융합 서비스의 시작을 도모하고자 'DMB2.0'이라는 이름 아래 지상파 DMB 방송사와 이동 통신사가 협력

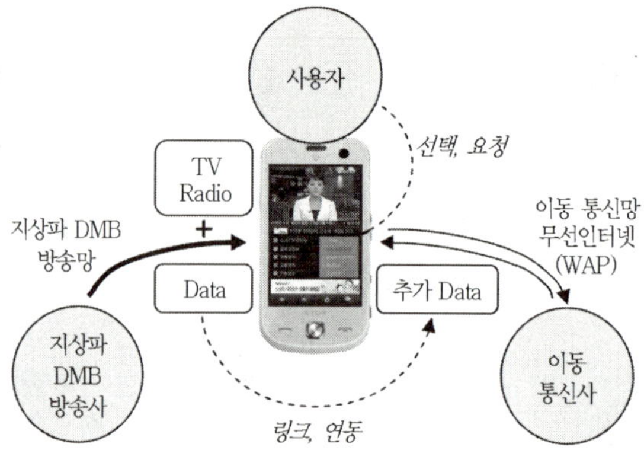


〈그림 4-28〉 DMB 2.0의 서비스 개념

체계를 구축하여 처음 시도된 모바일 방송에서의 양방향 서비스이다. DMB2.0 양방향 서비스는 단방향 지상파 DMB 서비스를 양방향 데이터 서비스를 포함한 참여형의 방통 융합 서비스로 확대하는 것이다. 다음 〈그림 4-28〉과 같이 시청자가 지상파 DMB를 통해 방송과 관련된 추가적인 콘텐츠 및 서비스를 제공받을 수 있으며, 필요시 이동 통신사의 무선 인터넷을 접속하여 추가 정보에 접근할 수 있게 하는 서비스이다. 방송사의 편성 정보나 날씨, 뉴스와 같은 실시간 데이터 방송을 무료로 제공하고 TV 프로그램을 기본적으로 서비스한다. 또한 퀴즈, 쇼핑과 같은 참여형 서비스, 프로그램 상세 정보, 유료 혹은 방송 가입형 서비스 등을 제공한다.

CHAPTER 05

# 의료, 교육, 비즈니스

# CHAPTER 05 의료, 교육, 비즈니스

유비쿼터스의 다양한 분야로 의료분야에서의 유비쿼터스 컴퓨팅을 보건의료산업에 접목함으로서 인체의 건강 관련 제보를 언제, 어디서나 수집, 처리, 전달, 관리 할 수 있게 함으로서, 제공되는 건강관리 및 의료서비스인 u-Healthcare의 필요성과 현황 그리고 관련 서비스와 개발 사례를 알아본다. 또한, 교육분야에서는 인터넷을 기반으로 하여 학습자 중심의 수준별 맞춤형 학습을 할 수 있는 시스템으로 u-Learning의 다양한 교육 시스템과 이를 이용한 관련 사례들을 살펴보고, 마지막으로 비즈니스 분야로 컴퓨터 객체가 실생활 공간 속에 내재되고 사용자 네트워크에 자유롭게 접속할 수 있는 환경에서 기존의 비즈니스 업무를 개선, 진화하거나 새로운 비즈니스 모델의 창출을 통해 고객의 가치를 극대화하는 활동으로 정의할 수 있는 u-Business의 구성요소와 특징에 대해서 알아본다.

## 5.1 의료(u-Healthcare)

최근 정보통신기술 발달에 힘입어 우리는 세계 어느 나라 보다 훌륭한 초고속 통신망 인프라를 확보하고 있다. 이와 더불어 디지털 기기 간 융합과 무선 통신 기술 발전, 작고 휴대가 가능한 다양한 종류의 생체신호 측정 센서의 출현은, '언제 어디서나' 자신의 건강 상대를 모니터링하고 개인 맞춤 건강관리 서비스를 받을 수 있는 Ubiquitous Healthcare 시대의 도래를 예고하고 있다.

u-헬스케어 시대가 완벽하게 구비된 이상적인 미래사회에서는 개인이 굳이 의료서비스에 대해 인식할 필요 없이, u-헬스케어 서비스 스스로가 개인의 건강상태를 실시간으로 모니터링하고 치료나 관리가 필요한 적절한 시점에 자동으로 조치를 취하기 때문에, 개인은 최상의 몸 상태를 유지할 수 있을 뿐 아니라, 훨씬 더 편리한 의료서비스를 제공받을 수 있다.

또한 현대인들의 최우선 관심사라고도 할 수 있는 '웰빙(Well-being)'과 다가올 '고령사회'를 대비해서라도, 지금과 같은 의료서비스 수준이나 형태는 적절하지 않으며, 관리와 예방에 초점을 둔 좀 더 진일보된 의료서비스의 필요가 절실한 시점이다.

*u-헬스케어는 정보통신기술 즉, 유비쿼터스 컴퓨팅을 보건의료산업에 접목함으로서 인체의 건강 관련 제보를 언제, 어디서나 수집, 처리, 전달, 관리 할 수 있게 함으로서, 제공되는 건강관리 및 의*

*료서비스를 말한다.*

즉, 의료서비스 이용의 편리성과 효율성을 도모하기 위해 유무선 네트워킹 등 정보통신기술을 의료산업에 적용한 것으로서, 환자의 질병을 원격 관리하는 서비스에서부터 일상의 모든 건강관리와 유지에 이르는 총체적 서비스라고 볼 수 있다.

u-헬스케어서비스의 진행과정은 다음과 같다.

- Sensing : 인체에서 발생하는 물리적, 화학적인 현상 감지
- Monitoring : 측정된 생체정보의 1차적 가공
- Analysing : 측정된 데이터를 종합하여 종합적인 건강지표 작성
- Feedback : 건강 상태의 변화를 사용자에게 알림.

이러한 u-헬스케어는 향후, 유비쿼터스 간호(u-Nursing : Ubiquitous Nursing)라 해서 상용화 되지는 않았지만은 이를 토대로 발전해 나갈 것이다. *유비쿼터스 간호는 '유비쿼터스(Ubiquitous)'와 '간호(Nursing)'의 합성어로 정보기술 기반의 간호학을 말한다.* 즉, 유비쿼터스 네트워크 환경을 이용하여, 언제, 어디서나, 누구에게나, 어떤 장치로든지 제공이 가능한 간호서비스를 말한다.

### 5.1.1 u-헬스케어의 필요성

최근 우리사회는 채식보다 육식을 선호하는 등 서구화된 식습관과 고령화로 인한 노인성 질환,

[표 5.1] 유년 및 노령인구 비중과 노령화 지수 추이

| | 1970 | 1980 | 1990 | 2000 | 2010 | 2020 | 2030 |
|---|---|---|---|---|---|---|---|
| 0~14세 | 42.5 | 34 | 25.6 | 21.1 | 17.2 | 13.9 | 12.4 |
| 65세 이상 | 3.1 | 3.8 | 5.1 | 7.2 | 10.7 | 15.1 | 23.1 |
| 노령화 지수 | 7.2 | 11.2 | 20 | 34.3 | 62 | 109 | 186 |

그리고 암, 당뇨, 고혈압 등의 만성질환으로 인해 의료비 부담과 함께, 보다 근본적인 의료서비스의 개선이 요구되고 있다.

현재 우리사회는 이미 지난 2000년 65세 이상의 노인인구가 7.2%에 달하며, 고령화 사회로의 진입을 예고했었다. 지금과 같은 추세라면 2020년에는 노령인구가 무려 15%를 상회하면서 완전한 고령사회가 된다고 한다.

고령사회로의 진입은 여러 가지 문제를 야기할 수 있다. 하지만 그 중에서도 국민건강보험 비용의 증가와 같은 경제적 부담을 빼놓을 수 없다. 실제로 우리나라는 사회가 점차 고령화 되어감에 따라 국민건강보험의 노인의료비 비중이 해를 거듭할수록 상당히 증가하였으며, 이미 고령사회인 일본의 경우 노인의료비로 인해 국민건강보험비의 만성적인 적자에 허덕이고 있다. 이처럼 지속적인 의료비 지출의 상승은 국민 경제나 사회전체에 큰 부담이 아닐 수 없으며, 하루라도 빨리 이를 해결하기 위한 보다 저렴하고 효율적이며, 고령사회를 대비할 수 있는 예방과 관리 중심의 의료서비스 도입이 시급하다.

또한, 최근 사회에서 채식보다 육식을 선호하는 서구식 식습관과 불규칙한 생활 패턴, 운동 부족으로 인한 만성질환 역시 큰 문제가 되고 있다. 특히 만성 성인병인 당뇨, 고혈압 등에 대한 의료비 역시 크게 증가하고 있어, 당뇨환자의 경우, 국민건강보험 지출액을 기준으로 매년 크게 증가하였다. 이와 같은 의료비 상승은 , 결국 다른 국민의 경제소득에서 의료비가 차지하는 비중이 커짐을 의미하며, 상대적으로 의료선진국들 보다 의료서비스의 질이나 규모가 낮은 현실상, 부담은 가중될 수밖에 없다.

소득의 증가와 웰빙과 같은 건강에 대한 관심 증대로 인해 좀 더 편리하고 수준 높은 의료서비스를 저렴하게 이용하고자 하는 요구가 증대되고 있다.

의료서비스에 대한 이용 역시, 과거와 같이 질병의 진찰이나 발병으로 인한 치료의 목적이 아닌, 소비자 스스로 자신의 건강에 대한 관심을 갖고 질병의 예방에 초점을 두는 등 보다 적극적인 의료서비스 이용 양상을 보이고 있다. 실제로 미국의 경우 매일 800만 명에 이르는 사람들이 인터넷을 통해 건강정보를 찾고 있으며, 그 중 약 절반에 달하는 많은 사람들이 실생활에서 이를 활용하고 있다고 한다.

우리나라의 IT분야 인프라는 감히 세계 최고 수준이라고 자부해도 될 정도로 뛰어나다. 특히 인터넷과 유무선 통신 인프라, 디지털 컨버전스 등 정보통신 기술의 발전과 이를 적극적으로 활용할 줄 아는 사용자들, 게다가 점차 광대역 기반의 네트워크 기술이 발전함에 따라, 대용량의 정보를 빠른 속도로 전송할 수 있어, 앞으로 국내 IT업계의 시장 형성 규모나 활용 방안은 계속해서 증대될 전망이다.

이와 같이 정보통신기술의 발달로 인해 IT 사업자들이 뛰어난 국내 인프라를 활용하여 새로운 비즈니스 모델을 통한 수익 창출을 목표로 하고 있고, 보건의료분야의 서비스 제공 수준의 향상과 발전을 위한 필요가 맞물리면서 u-헬스케어 시대의 도래를 촉진시키고 있다. 이는 산업 간의 장점과 필요에 의한 일종의 융합 형태로 볼 수 있으며 서비스 개선과 산업발전이라는 상생의 길이라고 보여 진다.

### 5.1.2 u-헬스케어 현황

IT분야의 관점에서 본다면 u-헬스케어는 병원이라는 공간을 기준으로 u-Hospital과 u-Healthcare로 나누어 볼 수 있다. 전자는 환자를 대상으로 병원 내부의 변화를 가리키며, 후자는 환자뿐만 아니라 일상생활에서의 건강한 사람들을 포함해, 관리, 예방, 진단, 치료 등의 모든 의료서비스를 말한다. 하지만 이는 공간상의 구분일 뿐, 발전된 통신 인프라를 통해 서비스 제공자와 이용자 간의 네트워크화 된 연결 시스템이라는 큰 틀 안에서 본다면 이 둘을 따로 구분지어 보는 것은 그리 큰 의미를 갖는다고 할 수 없다.

우선, ***u-호스피탈***이란 *병원과 관련된 일상, 경영, 교육 및 행정 등 모든 분야에 무선통신, RFID와 같은 정보통신 기술을 이용해 발전된 의료서비스를 제공하는 병원을 말한다.* 이를 위해 다양한 전산화 시스템들이 이미, 일부 활용되고 있으며, 방사선 영상 진단 자료의 디지털화 및 통합 관리 시스템인 PACS[1]는 필름이 없는(filmless) 병원을 구현해 병원 간 영상 데이터의 호환을 가능하게 하였으며, 환자 진료 기록 차트를 전자화한 EMR[2] 시스템을 통해 종이 없는(paperless) 병원 시대를 열었다. 종이나 필름의 전산화가 의미하는 것은, 병원과 환자 간, 병원과 병원 간 데이터의 전송이나 관리가 보다 쉬워지고 호환성을 높일 수 있어, 환자의 건강관리에 보다 수준 높은 서비스를 제

---

1) PACS(Picture Archiving and Communication System) : 디지털 의료영상이미지를 DICOM(Digital Imaging and Communications in Medicine)이라는 국제표준규약에 맞게 저장, 가공, 전송하는 시스템이다. CT, MRI 같은 디지털의료영상 장비를 사용하여 획득된 의료영상이미지는 DICOM형식으로 저장되게 되며 판독결과와 진료기록이 추가될 수 있다. 또한 네트워크를 통해서 병원 내, 외의 단말로 전송이 가능하다.

2) EMR(Electronic Medical Record) : 기존에 종이차트에 기록했던 인적 사항, 병력, 건강 상태, 진찰, 입·퇴원기록 등 환자의 모든 정보를 전산화하여 입력, 관리, 저장하는 형태를 말한다.

[표 5.2] u-헬스케어서비스의 종류

| 서비스 | 내용 |
|---|---|
| 병원환자 정보서비스 | 병원 정보(입원환자 상태 및 병상정보)와 건강정보 네트워킹을 의료기관 내부 정보시스템에서 구현하여 유무선 단말기를 통해 필요한 정보를 통합 제공하는 서비스 |
| 의료 텔레매틱스 | 원격조정, 텔레매틱스, 구급시스템을 통합한 신개념의 의료 서비스로 환자나 대상자의 생체신호 발생에 따라 모니터링 센터와 응급병원 등이 GPS와 연계하여 긴급 출동 서비스 |
| 전자처방전 서비스 | 문서로 발행되는 전자처방전을 휴대폰 인증이나 암호화를 사용하여 유무선 통신서비스로 제공되는 서비스이며 특히 약국에서 이용자의 대기시간을 감소시키는 편리성을 제공 |
| 온라인 휘트니스 서비스 | 이용자의 스케쥴 체크, 건강상태나 트레이닝 메뉴를 전문각가 작성하고 이를 바탕으로 트레이닝의 진척관리나 조언을 온라인 상에서 제공해 주는 서비스 |
| 모바일건강 관리 서비스 | 휴대폰을 이용하여 혈압, 당뇨 등 실시간으로 무선망을 통해 건강상태의 제공과 건강을 위한 정보서비스를 제공하는 서비스 |
| 예약관리 에이전트 시스템 | 복수의 병원에서 이용자 본인의 가용시간에 따라 적정한 해당병원 및 의사를 검색, 예약해주는 시스템 |
| 의료 스마트카드 서비스 | 스마트카드를 통해 개인별 기본 의료정보를 저장하고 진료 등을 위한 예약, 수납, 처방기록 등의 저장이 가능하도록 하는 의료서비스 |
| 모바일 간호 관리 서비스 | 모바일 환경을 기반으로 하여 간호 관리를 효율적으로 지원하는 서비스이며, 이동성과 휴대성이 향상된 업무환경에서 보다 다양한 간호 관리 및 응급 환자조치가 가능 |
| 적외선 응급구호 서비스 | 가정이나 실내에서 적외선 장치를 이용하여 사람의 움직임이 없을 경우 즉각적인 유무선 응급신호를 통해 구호할 수 있는 서비스 |

공할 수 있음을 말한다.

이러한 u-호스피탈 환경을 구축하기 위해서는 각 병원들의 전산시스템 간 호환성을 보장하기 위한 데이터 표준화와 의사를 비롯한 정보 이용자들에게 보다 편리한 이용환경을 제공해줄 수 있는 HCI[3]의 개발이 필요하다. 또한 병원 내의 네트워크에 접속되어 다양한 의료기기 간 연결이 필수인 만큼 호환성을 염두 한 의료기기의 개발이 요구되고 있다.

---

3) HCI(Human-computer interaction) : 인간과 컴퓨터 간의 상호작용에 대해 연구하는 학문 분야다. 이 분야에서는 전산학, 심리학, 산업공학 등의 서로 다른 연구 분야가 공동으로 연구를 진행하는 경우가 많다.

u-헬스케어의 실현에는 의료 서비스의 이용자와 제공자, 그리고 양자 간의 연결을 위한 유무선 통신 네트워크, 진단과 치료 및 예방 서비스를 전달해 줄 지능형 의료기기들까지 크게 네 가지의 구성요소가 존재 한다.

u-헬스케어를 위한 각 구성 요소들의 상황을 살펴보면, 유무선 통신 네트워크 인프라가 가장 발전되어 있으며, 의료산업과 IT산업 간의 융합 및 u-헬스케어로의 진전을 선도하고 있고, 서비스 이용자나 제공자는 보다 수준 높은 의료서비스에 대한 기대감을 높여 가고 있다. 다만 진단과 치료 및 직접적인 관리를 구현해 줄 지능형 의료기기들의 개발과 보급이 미흡한 실정이지만, 이용자와 제공자, 산업 관련 종사자들의 기대와 요구가 높은 만큼, 활발한 연구가 진행 중에 있으며, 곧 기술적인 문제들은 상당 부분 해결할 것으로 보인다.

사실 의료서비스는 이미 병원을 비롯한 한정된 의료 기관을 넘어서고 있다. 아직 시범 운영 중이거나 일부에 불과할 수도 있지만, 유무선 통신 기술 및 모바일 서비스를 활용한 의료서비스의 이용이 점진적으로 늘어나고 있으며, 건강에 대한 지속적인 관심 증가와 노력의 일환으로서 피트니스클럽이나, 거리, 공원 등도 하나의 의료서비스 적 행위의 장이 되고 있다.

또한 인터넷을 활용해 건강 관련 정보를 획득하고 직접적인 서비스를 받을 수도 있으며, 이동 중에도 환자의 혈압이나 심전도 같은 건강정보를 측정할 수 있는 센싱 기술의 발전과 이를 전송 및 관리할 수 있는 통신기술의 발달로 인해 차후 의료서비스의 공간적 제약은 점차 무의미해질 것으로 보인다.

개인의 건강정보 전산화에 따른 정보의 효율적 이용은 u-호스피탈에만 국한되지 않는다. 전 생애에 걸쳐 축적되는 개인 건강 정보는 신체 사항을 비롯한 질병의 진행 추이, 특이사항 등을 파악할 수 있으며, 개인별 맞춤 서비스를 통한 보다 최적화된 서비스 제공이 가능하다. 이는 시급한 의료상황 발생 시 보다 적극적으로 대처할 수 있을 뿐 아니라, 장기 질환자의 건강 모니터링과 재택 진료를 가능하게 하여 경제적으로도 많은 효율성을 기대할 수 있다.

### 5.1.3 u-헬스케어서비스 종류와 사례

u-헬스케어는 병원에 입원해 있는 환자뿐만 아니라 일상생활에서의 건강한 사람들을 포함해, 관리, 예방, 진단, 치료 등의 모든 의료서비스를 말한다. 다음 [표 5-2]는 u-헬스케어 서비스의 다양한 종류를 나열하였다.

또한, 다양한 개발 사례를 살펴보면, 우선 나이키와 애플이 제휴해 2006년 7월 미국에서 발매한

〈그림 5-1〉 http://www.apple.com/kr/ipod/nike/run.html

'Nike+iPod Sport Kit'는 왼쪽 신발 바닥에 센서를 장착해 사용자의 주행상황을 측정하여 iPod nano 디스플레이로 표시한다고 한다. 사용자는 이를 'Nike+Experience' 웹사이트에 접속하여 자신의 주행 이력을 분석하거나 50명까지의 주행 이력을 보고 비교할 수 있으며, 주행에 맞는 음악을 추천받는 등 다양한 서비스를 제공받을 수 있다(〈그림 5-1〉).

Phillips Medical System사의 Tele-monitoring Platform은 2002년부터 울혈성 심부전증 환자의 건강관리를 위한 원격 모니터링 시스템 및 서비스를 제공하기 위해 개발된 시스템이다. 가정에서 정기적인 환자의 건강상태를 측정하기 위하여, 다양한 계측장치(혈압계, 체중계, 혈당계 등)들을 Philips사의 'Tele Station'이라는 중앙제어 장치를 통하여 제어하고, 측정 데이트를 저장 및 데이터 센터와의 통신을 수행한다(〈그림 5-2〉).

2008년 9월 LG CNS는 신개념 홈 헬스케어 '터치닥터' 솔루션을 발표했다(〈그림 5-3〉). 이는 가정 내 단말기를 통해 건강정보를 측정, 실시간으로 분석하여 결과안내와 상담을 제공하고 병원진료까지

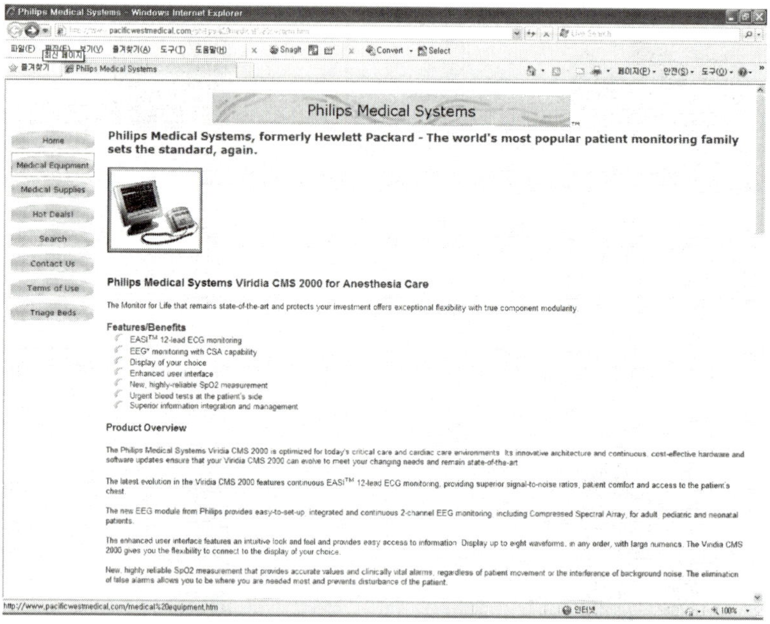

〈그림 5-2〉 Phillips Medical System(http://www.pacificwestmedical.com/philips%20medical%20system.htm)

연계하는 건강관리 시스템이다. 즉 터치닥터는 개인과 병원의 중간 단계로서 이용자가 가정에서 전송하는 혈압과 혈당 등의 정보를 통해 의료전문가가 잠재적 건강문제를 진단토록 하고, 고객에 맞는 식이요법이나 운동 권고, 정해진 투약 일정의 알림 등의 서비스를 제공한다. 또한 관리된 기록들을 바탕으로 매월 고객의 건강상태를 리포트 형식으로 제공하기도 한다.

## 5.2 교육(u-Learning)

u-러닝을 알기위해서는 기존의 e-Learning을 언급해야할 것 같다. *e-러닝은 인터넷을 기반으로 하여 학습자 중심의 수준별 맞춤형 학습을 할 수 있는 시스템을 말한다.* 따라서 기존의 원격교육이 교사와 학생이 공간적으로 떨어져 있거나 다른 시간대에 이루어진다는 점에서 비슷하지만 인터넷 이외에 인쇄물, 라디오, TV등 각종 전자매체를 활용한다는 점에서 인터넷을 기반으로 하는 e-러닝과

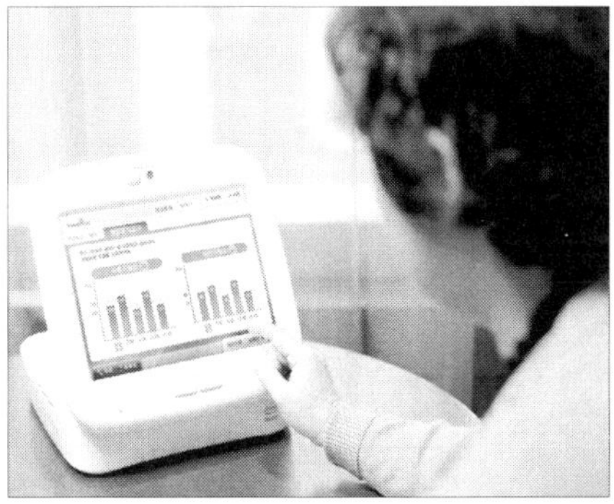

〈그림 5-3〉 터치닥터 시현 모습

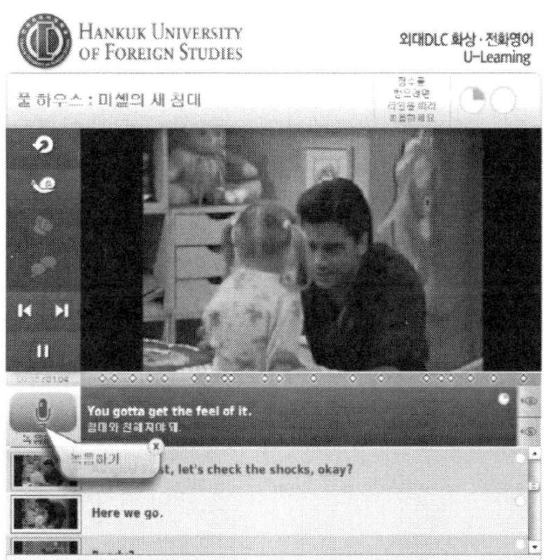


〈그림 5-4〉 한국외대, 화상 · 영어 u-Learning 시스템

는 차이가 있다. 사실 온라인 교육, 사이버 교육, 웹기반 교육 등 다양한 환경에서 교육이 이루어지므로 사용되는 용어들이 큰 차이가 없어서 e-러닝이란 용어로 통합되어 사용되었다.

최근 모바일 환경이나 디지털 방송 환경이 급속히 발전함에 따라 이들 다양한 매체에서 시장 규모가 확대되고 있다. 즉, 모바일 환경에서의 e-러닝을 m-러닝(mobile-learning), 디지털 방송에서의 e-러닝을 t-러닝(television learning), 유비쿼터스 환경에서의 e-러닝을 u-러닝(ubiquitous-learning)으로 발전하였다. 다음 〈그림 5-4〉는 한국외국어대학에서 진행하고 있는 화상, 전화영어 u-Learning 사이트이다.

### 5.2.1 유비쿼터스 교육과 시스템

*유비쿼터스 교육이란 유비쿼터스 컴퓨팅과 유비쿼터스 네트워크 패러다임이 새로운 교육환경을 창조하고 컴퓨터, 학교, 학생, 학부모, 교사들 간의 관계를 재정립하는 미래형 교육시스템을 말하는 것이다.* 비단 이것은 학교와 가정에서의 교육에만 관련된 것이 아니라 기업, 정부, 군대 등에서의 인적 자원을 육성하기 위한 모든 분야에서의 학습 환경 및 학습 도구의 통합을 의미한다. 유비쿼터스 교육에서는 유비쿼터스 컴퓨팅 기술과 유비쿼터스 네트워크에서의 접속을 통해 획일적이거나 강제적이지 않고, 다수의 학생들에게 각자의 개별화된 욕구에 따라 학습하고, 그러한 학습 환경에서 부모, 교사들의 피드백이 자연스럽게 이뤄진다. 학습자가 사용하는 컴퓨터는 책상에 고정되어 있거나 사용하기 어렵지 않도록 인터페이스나 휴대하는데 있어 용이한 학습 에이전트 역할을 수행한다. 학생들이 공부하는 학습공간도 학교와 교실에 국한되지 않고 모든 실제 세계의 공간이 학습공간이 된다. 센서와 칩 형태로 컴퓨터가 심어진 지능화된 사물도 학습에 도움을 줄 수 있으며, 학생들이 휴대하는 학습 단말과의 대화를 통하여 언제 어디서나 학생들이 원하는 정보를 제공해 줄 수 있다.

*유비쿼터스 교육 시스템이란 노무라총합연구소에서 정의한 개념으로서 "유비쿼터스 네트워크상에서 개인과 기업, 대학, 자격증 취득지원 학원 등이 연결되어 다양한 학습 프로그램과 자격시험을 치룰 수 있게 서비스를 제공하는 시스템"을 말한다.* 유비쿼터스 교육학습 시스템이 제공하는 서비스의 기본적인 흐름은 다음과 같다.

- 개인 이용자가 유비쿼터스 단말기를 사용하여 휴일이나 야간 등 비어있는 편리한 시간을 이용하여 자유롭게 기업, 대학, 자격증 취득 지원 학원 등의 다양한 학습 프로그램을 고화질, 고음질로 이용한다.

- 유비쿼터스 단말기에 장착된 개인인증 기능으로 이용자 각자의 학습이력을 축적시켜 학습 프로그램의 중단, 재개 및 취약한 부분의 자동 중점 학습, 각종 자격시험 및 합격결과 통지 등이 가능해 진다.

- 더 나아가 유비쿼터스 단말기를 통해 실시간으로 쌍방향 커뮤티케이션형의 학습 프로그램을 수강하거나 개인 서비스를 받을 수도 있다.

- 요금이 부과되는 서비스는 자동으로 결제가 이뤄진다.

유비쿼터스 교육시스템의 가장 큰 장점은 학습 프로그램 선택의 폭이 넓다는 것과 일상생활을 하면서 빈 시간을 활용하여 장소에 구애를 받지 않고 학습 할 수 있으므로 효과적이고 효율적인 능력개발이 실현된다는 점이다. 또한 고화질 영상, 고음질 음향으로 현장감을 높이고 게임 감각을 이용한 학습 프로그램, 시험을 통해 수강자간 상대평가를 실현하는 등 학습 프로그램의 콘텐츠의 고도화도 기대해 볼 수 있다.

유비쿼터스 교육시스템에서 제공되는 서비스는 다음과 같다.

⇨ 학습 프로그램 제공 서비스

- 강의형 서비스 : 단말기의 화면에서 나오는 강사와 교재를 보면서 학습
- 협업 학습형 서비스 : 단말기를 통해 파일을 공유하거나 서로 보완을 해가면서 학습
- 개별 지도형 서비스 : 단말기를 통하여 강사와 쌍방향 커뮤티케이션을 해가면서 학습
- 자습형 서비스 : 단말기로 받은 교재를 통해 학습을 진행하면서 통신으로 첨삭을 받는다.
- 시험형 서비스 : 단말기로 받은 시험지를 정해진 시간 안에 풀어 각종 자격시험이나 모의시험을 치른다.

⇨ 학습지원 서비스

- 개인별 학습관리 서비스 : 각 수험생의 학습이력, 발전상황, 성적 등을 일원적으로 관리
- Q&A 서비스 : 학습 중에 다양한 질문과 답변 서비스
- 실력관리 서비스 : 실력 진단 및 목표와의 편차나 적합한 커리큘럼을 파악
- 개인교사 서비스 : 다양한 학습 프로그램 중에서 유사 프로그램의 비교 · 평가나 자기 능력에 맞는 프로그램의 소개, 능력 개발에 관한 상담 등의 서비스
- 넷 커뮤니티 서비스 : 단말기를 통하여 수강생과 강사를 연결하는 가상 커뮤니티를 형성

## 5.2.2 유비쿼터스 교육 사례

NRI 노무라 총합연구소그룹은 1인 1 PC 시대 이전부터 CAI[4] 교실을 마련하는 등 일찍부터 유비쿼터스 교육에 착수하였다. 현재 NRI그룹은 고속 광대역의 인트라넷 환경을 정비하였고 아울러 교

4) CAI(Computer Assisted Instruction) : 컴퓨터를 이용하여 많은 사람들을 동시에 교육하기에 편리하게 만든 자동교육 시스템이다.

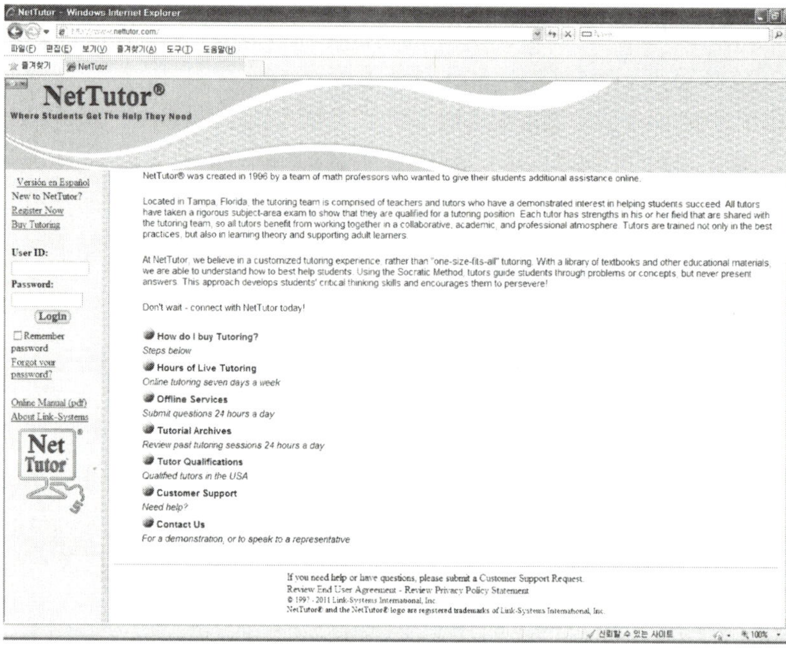


〈그림 5-5〉 http://www.nettutor.com/

육 콘텐츠의 멀티미디어화를 보급 · 정착하여 인재육성에서 큰 효과를 거두고 있다. 현재 NRI 그룹이 추진하고 있는 교육훈련 사업은 다음과 같은 것들이 있다.

- 외부용 인재교육 비즈니스 : 1997년부터 NRI Learning Network 주식회사를 설립하고 정보기술, 기업경영에 관한 각종 연수사업과 기업을 대상으로 한 교육 콘텐츠와 플랫폼에 관한 사업을 진행하고 있다. 자습형 교육시스템인 NetTutor가 그 대표적인 성과라 할 수 있다(〈그림 5-5〉).
- 3D-IES(Interactive Education System) 프로젝트 : NRI가 큐슈대학 대학원 언어문화연구원과 공동 개발한 실시간 커뮤니케이션 시스템으로 가상 3차원 공간에서 스스로 회화하면서 언어를 습득할 수 있도록 개발한 시스템이다. 아울러 홋카이도 대학, 나고야 대학, 교토 대학, 히로시마 대학, 큐슈 대학을 연계한 가상 수업도 시도를 하고 있으며 당초 예상했던 기대치를 웃도는 교육효과를 올리고 있다.

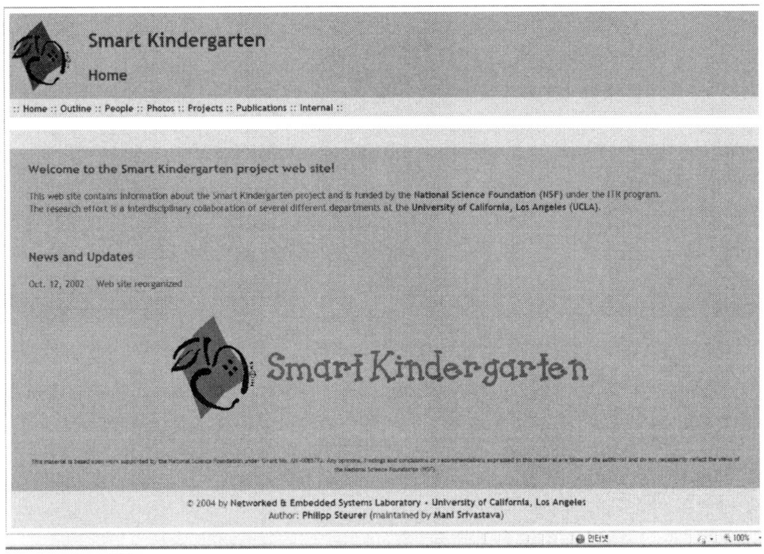


〈그림 5-6〉 http://nesl.ee.ucla.edu/projects/smartkg/

두 번째 사례로, 미국 UCLA의 스마트 유치원(Smart Kindergarten) 프로젝트는 유비쿼터스 컴퓨팅과 센서 기반의 무선 네크워크를 통해 유치원이라는 물리 공간 속에서 유아들이 어떻게 학습을 하는가 규명하기 위한 연구다. 유비쿼터스 유치원 프로젝트는 UCLA의 컴퓨터 공학과, 전자공학과, 교육정보과학대학원 등이 공동 협력하여 2000년부터 진행하고 있으며, 유비쿼터스 컴퓨팅 기술이 어떻게 교육 분야에 적용한가를 실험하기 위한 연구로, 원아들이 말을 배우고, 장난감을 통해 학습하며, 다른 원아들이나 교사와 상호작용을 어떻게 하고, 그것이 아동에게 미치는 영향 등을 분석한 연구이다. 스마트 유치원 프로젝트에서 적용한 컴퓨팅 기술은 다음과 같은 것들이 있다(〈그림 5-6〉).

- 무선인식 기술 : 아동과 장난감의 이름과 위치를 실시간으로 파악하기 위하여 활용하였다.
- 센서와 상황인식 기술 : 원아들이 사용하는 언어인식, 상호작용 특성, 행동 감지, 동태적 변화를 추적하기 위하여 활용하였다.
- 데이터 마이닝[5] : 실시간으로 센서로부터 전달되는 상황을 추론, 분석하기 위하여 적용하였다.

---

5) 데이터 마이닝(Data Mining) : 대규모로 저장된 데이터 안에서 체계적이고 자동적으로 통계적 규칙이나 패턴을 찾아내는 것이다. 다른 말로는 KDD(Knowledge-Discovery in Databases)라고도 일컫는다. 이를 위해서, 데이터 마이닝은 통계학에서 패턴 인식에 이르는 다양한 계량 기법을 사용한다.

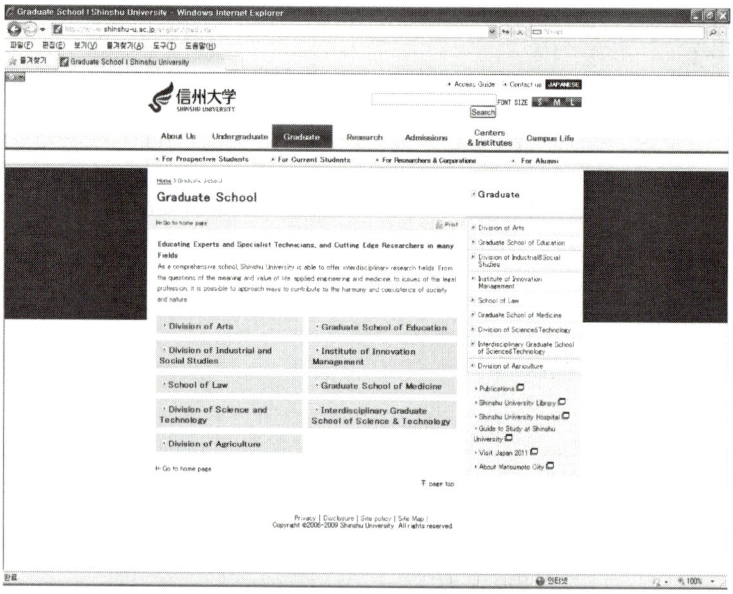

〈그림 5-7〉 신슈대학, 대학원

스마트 유치원 프로젝트는 센서 기반의 무선 네트워크 기술과 센서가 심어진 사물과 같은 물리적 세계와 사람들 간의 상호작용을 상황인식 차원에서 실시간으로 분석할 수 있는지 여부를 정밀하게 시험한 연구로서 의의가 있다.

마지막으로 신슈대학이 2001년 4월에 개설한 인터넷 대학원으로 설치된 과정은 대학원 공학계 연구와 박사 전기 과정의 정보공학 전공으로 인터넷 멀티미디어 기술을 구사하여 언제, 어디서나를 목표로 시작되었다. 현재 인터넷 대학원은 웹 페이지 자료에서부터 가장 위 단계인 대면지도까지 단계별로 운용되고 있다(〈그림 5-7〉).

## 5.3 비즈니스(u-Business)

*u-비즈니스는 컴퓨터 객체가 실생활 공간 속에 내재되고 사용자 네트워크에 자유롭게 접속할 수 있는 환경에서 기존의 비즈니스 업무를 개선, 진화하거나 새로운 비즈니스 모델의 창출을 통해 고*

*객의 가치를 극대화하는 활동으로 정의할 수 있다.* 즉, 유비쿼터스 환경에서 기존의 경영 시스템과 유비쿼터스 기술이 결합되어 탄생한 새로운 형태의 비즈니스라고 할 수 있다. 이러한 u-비즈니스는 국가 정책, 기술 경향, 공간 즉, 가상공간과 물리공간이 연계된 공간에서 이루어지는 변화를 통해 미래에도 더욱 발전해 나갈 것이다.

결론적으로 *u-비즈니스란 언제나 접속되어 있고, 언제나 상황인식 및 위치 인식을 할 수 있으며, 사람을 대신하여 언제나 지능적·자율적으로 행동·서비스할 수 있는 제반 시스템을 중심으로 전통적인 산업경제 활동과 접목되어 경영관리, 쇼핑과 매장관리, 공급망관리(SCM)[6]과 고객관계관리(CRM)[7], 자산(부품 및 기계)의 유지관리, 제조공정관리, 물류, 교통, 의료복지, 정보서비스등 다양한 분야에 응용된 새로운 비즈니스체계라고 정의할 수 있다.*

## 5.3.1 u-비즈니스의 구성요소와 특징

u-비즈니스는 현재의 e-커머스, m-커머스 외에 기계간의 대화형 TV를 이용한 t-커머스 모두를 구성요소로 한다. 다음은 각각에 대한 내용을 정리해 보았다.

- e-커머스(electronic-Commerce) : 인터넷 등 전자매체를 이용해 상품을 거래하는 행위로, 일반적인 상품거래와 함께 고객마케팅, 광고, 정부 제품조달, 서비스 등도 여기에 포함된다.

- m-커머스(mobile-Commerce) : 스마트 폰, 개인 정보 단말기, 기타 이동 전화 등을 이용한 은행 업무, 지불 업무, 티켓 업무와 같은 서비스를 하는 비즈니스 모델로 무선 데이터 장비를 이용하여 정보, 서비스, 상품 등을 교환하는 것이다. 안전한 지불 업무는 m-커머스의 핵심 중의 하나로 즉시성, 편의성, 개인성, 위치 인지성 등의 특징이 있다.

- t-커머스(television-Commerce) : 인터넷TV를 이용한 전자상거래로, 인터넷을 통한 e-커머스와

---

6) 공급 망 관리(SCM : Supply Chain Management) : 부품 제공업자로부터 생산자, 배포자, 고객에 이르는 물류의 흐름을 하나의 가치사슬 관점에서 파악하고 필요한 정보가 원활히 흐르도록 지원하는 시스템을 말한다. 기업 내에 부문별 최적화나 개별 기업단위의 최적화에서 탈피하여 공급망의 구성요소들 간에 이루어지는 전체프로세스 최적화를 달성하고자 하는 경영혁신기법이다.

7) 고객 관계 관리(CRM : Customer Relationship Management) : 소비자들을 자신의 고객으로 만들고, 이를 장기간 유지하고자 하는 경영방식이며, 기업들이 고객과의 관계를 관리, 고객 확보, 그리고 고객, 판매인, 협력자와 내부 정보를 분석하고 저장하는 데 사용하는 광대한 분야를 아우르는 방법이다.

모바일 기기를 이용한 m-커머스의 장점에 텔레비전을 결합한 것으로, 1997년 미국에서 처음으로 시행된 이후 1999년부터 여러 나라에서 활성화되었다.

또한, 그 차원은 초소형 모바일기기, RFID, 센서 등의 *기술적 차원*, 비즈니스 모델, 수익성, 지속성 등의 *비즈니스 경제차원*, 기능성, 사용자 인터페이스 및 경험, 사회적 반응 등의 *인간 행동 차원*으로 나눌 수 있다.

또한, u-비즈니스의 특징을 다음과 같이 세부적으로 알아보고자 한다.

- 연결성 : 언제, 어디서나 이용할 수 있어야한다 즉, 네트워크에 연결되어 있어야한다.
- 실제성 : 가상공간이 아닌 실제세계에서 이용할 수 있어야 한다.
- 이동성 : 고정적인 pc보다는 이동하기 편리한 기기를 통해 비즈니스에 참여한다.
- 편재성 : 휴대형 기기뿐만 아니라 사물, 환경 등에 내재되어 있는 컴퓨터를 이용하여 비즈니스가 이루어진다.
- 복합성 : 하나의 제품이 다양한 역할이나 기능을 수행하는 복합제품이 등장한다.
- 지능화 : 자율 센싱, 협력, 상황 인식 등을 할 수 있는 지능화된 기기들이 스스로 비즈니스를 수행한다.
- 개인화 : 고객 개개인의 특성을 파악하는 것이 무엇보다 중요하다.
- 다양성 : 전에는 없었던 새롭고 다양한 비즈니스를 창출한다.

이렇듯, u-비즈니스는 기술적인 측면과 비즈니스 측면을 모두 고려해야한다. 또한, 기존의 전통적인 상거래와 e-커머스, m-커머스, t-커머스를 거쳐 조용한 상거래의 단계로 진입하는 과정으로서 기존의 상거래와는 차별화된 특성을 가진다.

따라서, u-비즈니스는 컨버젼스가 고도화됨에 따라 활성화될 수 있다. 이러한 컨버젼스 트렌드는 '기술과 고객' 중심으로 패턴이 결정되고 '규제와 전략'을 통해 실현된다. 초기의 컨버젼스 상황에서는 고객의 요구가 심화되면서 3C(Communication, Context Aware, Computing)로 디지털화의 모습이 드러나며, 고객의 환경이 고도화되면서 금융, 미디어, 거래 등 다양한 비즈니스 형태로 나타나게 된다, 이것은 유비쿼터스 IT의 발전을 통해 멀티미디어를 포함한 콘텐츠, 전자기기를 포함한 컴퓨팅, 다양한 커뮤니케이션 채널이 구축되고 이러한 모습은 고객의 다양한 욕구를 충족시키기 위해서 가정, 사무실, 쇼핑, 운전, 금융, 교육 및 여가 등의 비즈니스 분야로 확장될 것이다.

CHAPTER 06

# 정부, 도시

6.1 정부(u-Government)

6.2 도시(u-City)

# CHAPTER 06 정부, 도시

본 장에서는 차세대 정보기술을 활용한 정부체제를 지칭하는 **u-Government**와 광대역 초고속정보통신망이 모든 도시공간을 사람 몸의 척추와 같이 네트워크로 연결하고, 모바일 네트워크는 휴대폰을 가지고 있는 사람이 전국 어디에서든 연결되는 것처럼 모든 공간을 동일한 방식으로 빈틈없이 연결하며, 무선 네트워크가 도시공간의 다양한 크기와 종류에 따라서 수많은 백화점, 박물관, 시장, 교량, 체육관과 같은 공간에 존재하는 내부 요소들을 하나로 연결시킴으로 도시 전체의 사물이 지능화되고 사람과 정보를 주고받을 수 있게끔 구축한 **u-City**에 대해서 알아본다. 특히, u-Government에서는 유비쿼터스 정부의 추진전략과 구축효과 그리고 발전단계에 대해서 살펴보고, u-City에서는 국내외 사례에 대해서 알아본다.

## 6.1 정부(u-Government)

u-Government는 액센추어(Accenture) 컨설팅사가 제시한 개념으로서 현재와 같은 전자정부 대신에 차세대 정보기술을 활용한 정부체제를 지칭한다. 정보기술 패러다임의 발전단계를 볼 때 유비쿼터스 정부가 전자정부의 연장선상에 있다 할지라도 정보의 성격과 정보화의 대상, 컴퓨팅 환경, 정보기반의 특성 등은 차이가 크다. 〈표 6-1〉은 전자정부와 유비쿼터스 정부의 차이점을 요약한 것이다.

전자정부(e-Government)[1], 모바일 정부(m-Government) 개념을 포괄할 수 있는 광의의 개념을 유비쿼터스 정부(u-Government)라고 하며 유무선 어느 네트워크에서나, 어떤 단말 환경에서나 행정서비스를 제공하고, 업무처리를 할 수 있는 전자정부를 의미한다.

1) 전자 정부(e-Government) : "디지털 정부", "온라인 정부"라고도 하며 정부의 정보 기술의 이용(시민, 사업 등의 용역과 정보를 교환)을 일컫는다. 전자 정부가 온라인 정부나 인터넷 기반 정부로 여겨지지만, 인터넷 기반이 아닌 많은 전자 정부 기술이 이러한 환경에서 사용될 수 있다. 이를테면, 팩스, PDA, SMS 텍스트 메시징, MMS, 무선 네트워크 및 서비스, 블루투스, CCTV, 추적 시스템, RFID, 생체 인식, 도로 교통 관리, 스마트카드 등을 들 수 있다.

[표 6-1] 전자정부와 유비쿼터스 정부의 차이점

| 구분 | 전자정부 | 유비쿼터스 정부 |
|---|---|---|
| 정보의 성격 | 종이로 된 문서, 자료를 디지털/DB 화한 것 | 공간속의 환경, 사물, 사람과 이들 간의 연계에 관한 상황 인식 정보 (위치, 변화, 동작, 정체성 식별, 물리적, 화학적, 생물학적 상태, 표정, 대화) |
| 정보화의 대상 | 문서나 자료를 디지털화하여 정부기관 간, 정보와 민간간 공유하거나 이를 활용하여 행정업무를 처리하는 것 | 센서나 태그를 통해 수집된 상황인식 정보를 실시간으로 수집, 공유하고, 사람이 개입하지 않아도 사물이나 컴퓨터 스스로가 필요한 의사결정이나 행동조치를 취할 수 있도록 하는 것 |
| 컴퓨팅 환경 | PC와 웹 기술 | 임베디드 컴퓨팅 |
| 정보 기반 | 유선 네트워크 중심 | 유선, 모바일, 무선 네트워크의 통합을 통한 기능적, 지능적 네트워크 중심 |

### 6.1.1 유비쿼터스 정부 추진전략

유비쿼터스 정부는 다음과 같이 단계적으로 추진을 하는 것이 바람직한 것으로 평가되고 있다.

- 유비쿼터스 정부 추진을 위한 기반 조성
  - 브로드밴드 확산 및 고도화가 전제되어야 한다.
  - 무선, 모바일 네트워크의 고도화 및 서비스가 확산되어야 한다.
  - IP주소체계를 성공적으로 이행한다.
- 모바일 전자정부의 추진
  - 핸드폰, PDA 등 이동 단말기를 중심으로 모바일 정부를 구축한 뒤 디지털 TV, 전화기, 키오스크[2], 기타 가전제품으로 단계적 확대를 한다.
  - 유무선 통합 및 보편적 상시접속을 구현한다.

2) 키오스크(kiosk) : 공공장소에 설치된 무인 정보 단말기로 주로 정부 기관이나 은행, 백화점, 전시장 등에 설치되어 있으며 대체로 터치스크린 방식을 사용한다.

〈그림 6-1〉 G1 구글 마트폰(안드로이드)으로 구현한 "증강 현실 " 여행 가이드(www.wikipedia.com)

- 응용기술 및 서비스를 발굴
  - 증강현실(〈그림 6-1〉), 제 3 공간 등의 개념에 맞는 공공부문 응용 기술 및 서비스를 발굴한다.
  - 초소형 칩을 이용한 의료분야 적용, 스마트 먼지를 이용한 국방 분야 적용 등을 이룬다.

### 6.1.2 유비쿼터스 정부 구축효과

유비쿼터스 정부의 구현이 가지고 올 효과는 전자정부의 구현이 갖고 온 그것보다 더 크게 나타날 것이다. 유비쿼터스가 실현되면 그동안 기술과 인력 때문에 제한되었던 행정서비스의 영역이 크게 확대됨은 물론 그 수준도 비약적으로 높아질 것이다. 그 효과는 대략 다음과 같은 영역에서 가시화될 것으로 예상된다.

- 예산의 절감 효과
  - 정부기관에서 구매한 모든 기계장비 등에 센서와 칩을 내장하고 네트워크로 연결하면 그 활용 정도와 고장 유무를 실시간으로 파악함으로 자산관리의 효율성과 불필요한 구매를 줄여 예산을 절감할 수 있다.
  - 전국의 모든 교량과 교각에 안전진단 센서를 내장하고 이를 연결하면 수만 명의 인력이 없어도 육안으로 관찰하는 것보다 정확하게 교량의 안전성을 진단하고 필요한 조치를 실시간으로 내릴 수 있다.

- 전국의 폐수 및 대기 오염물질을 배출하는 모든 지점에 감시와 추적센서를 부착하여 이를 실시간으로 모니터링하고 국민에게 공개함으로 예산 절감 효과를 볼 수 있다.

➡ 공공서비스의 질 개선 효과

- 유비쿼터스 정보기술을 활용하여 모든 노인들에게 건강관리용 무선인식 센서, 배지를 달아주고, 모바일 민원서비스 기반으로 구축하여 세금고지나 민원, 유아들의 예방접종 안내 등을 언제, 어디서, 어떤 단말기로도 제공할 수 있게 된다.
- 교통유발 부담 대상 건물에는 차량 유·출입 센서를 부착하여 실시간으로 교통량을 파악하고 이에 따라 계산된 부담금을 부과함으로써 정확하고 신뢰성 있는 제도를 운영할 수 있다.

### 6.1.3 유비쿼터스 정부의 발전단계

유엔 사무국과 미국 행정학회(ASPA)가 공동으로 유엔 사무국의 전자정부 구현 수준을 평가할 때는 다음과 같이 5단계로 나눠서 실시한다.

➡ 시작 단계 : 제한적 서비스를 제공된다.

➡ 발전 단계 : 주기적으로 정보가 갱신되고 콘텐츠가 현행화된다.

➡ 상호작용 단계 : 이메일을 통한 의사소통 및 민원양식의 전자적 제공이 이뤄진다.

➡ 전자거래 단계 : 비자, 여권, 출생기록 등의 온라인 발급과 조세 및 수수료 등의 전자납부가 이뤄진다.

➡ 통합처리 단계 : 부처 및 기관 간 경계 없는 온라인 서비스가 제공된다.

그러나 이것을 유비쿼터스 정부의 발전 단계에 적용하는데는 많은 무리가 따른다. 전자정부의 발전단계를 결정짓는 정보화의 수준이 전자적인 문서나 DB정보를 온라인으로 제공, 업데이트, 공유, 발급 또는 납부할 수 있느냐를 평가하는 지표이기 때문이다.

따라서 유비쿼터스 컴퓨팅과 정보기술을 활용한 유비쿼터스 정부 서비스의 발전단계는 〈그림 6-2〉와 같이 표현하는 것이 합당하다. 궁극적으로는 상기 5단계의 서비스를 제공할 수 있는 정부를 창조하는 것이 유비쿼터스 정부가 지향하는 목표라고 할 수 있다.

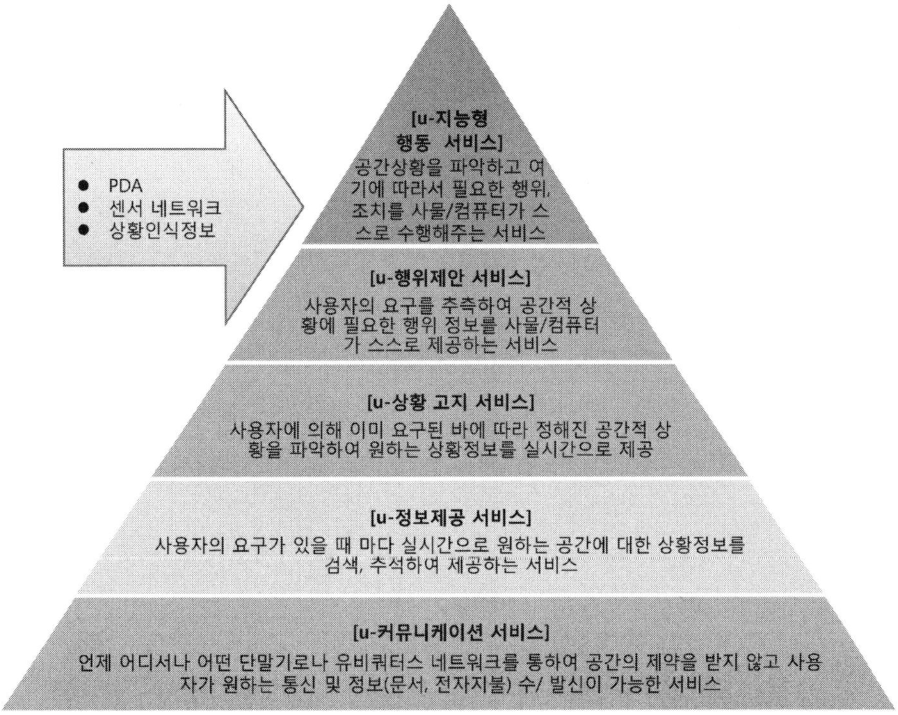


〈그림 6-2〉 유비쿼터스 정부의 서비스 발전단계

- u-커뮤니케이션 서비스 : 광대역망, 모바일 네트워크, 초고속무선랜, IPv6 등의 기술이 결합된 유비쿼터스 네트워크를 단순히 전송로로서 만으로 활용하여 서비스를 제공하는 것을 말한다.
- u-정보제공 서비스 : 사용자의 요구가 있을 때마다 실시간으로 원하는 정보를 검색, 추적하여 제공하는 서비스 계층을 말한다.
- u-상황고지 서비스 : 사용자에 의해 이미 지시된 바에 따라 센서나 태그 등이 상황을 스스로 파악하여 원하는 정보를 알아서 제공하는 서비스이다.
- u-행위제안 서비스 : 앞의 서비스 단계에서 사용자의 요구를 추측하여 상황에 필요 시 되는 행위정보, 조치행위를 미리 사용자에게 제안하는 서비스 단계를 말한다.
- u-완전지능형 서비스 : 완전히 자동화된 스마트한 서비스로서 문제 상황을 지능적으로 파악하고 여기에 필요한 행위를 스스로 수행하여 주는 서비스계층이다.

즉, 어느 화창한 날 아침, 출근하다가 집에 있는 부모님과 통화하고, 집에 있는 각종 기기에 심어져 있는 센서나 칩, 카메라를 통해 부모님의 건강상태에 관한 정보뿐만 아니라 체온/혈압 등에 이상이 발생하거나 움직임이 둔화되었을 경우 이들 정보를 즉시 휴대전화나 PDA 등으로 알려준다. 또한, 부모님의 건강 상태에 이상이 있으니 즉시 집에 가보라고 한다거나 투약 시간에 노모가 약을 먹지 않았으니까 약을 먹도록 하라는 등의 필요한 행위를 제안해 주고, 상태가 더 심각할 경우 사람이 없어도 센서나 홈로봇이 119를 부르거나 주치의에게 연락하여 원격진료를 받을 수 있도록 하거나 구급약을 투약토록 하는 것 등이 해당된다.

이러한 유비쿼터스 정부서비스가 가져오는 효과는 언제, 어디서나 접속되어 있으며(always access), 언제나 상황을 인식하고(Always aware), 언제나 지능화 되어 있어, 언제나 요구된 서비스를 제공하거나 행동(Always active)할 수게 함으로써 대국민 서비스 수준제고, 공공관리의 비용절감, 효율적인 공공자산관리, 그리고 생산적인 인력관리를 실현시켜 줄 수 있다,

## 6.2 도시(u-City)

도시에는 수많은 공간, 사물 그리고 사물이 존재하며 이에 따라 각기 다른 활동이 수행된다. 유비쿼터스 도시의 발상은 이들을 하나로 연결시키는데 있다. 물리적인 요소들만을 대상으로 하는 전통적인 도시계획은 이들을 하나로 연결하지 못했다. 그것은 물리적 공간의 특성, 즉 시간과 거리, 그리고 공간의 고정성이라는 제약에서 비롯된 것들이었다. 인터넷과 같은 정보기술의 발달은 이러한 물리적 공간의 제약을 극복할 수 있는 실마리를 가져다주었고, 새롭게 부상하고 있는 유비쿼터스 컴퓨팅이 공간, 사물, 사람 그리고 활동을 어떻게 하나로 연결시켜줄 것인가에 대한 해답을 제시하고 있다.

유비쿼터스 도시란 무엇인가? 광대역 유선 네트워크, 모바일 네트워크, 무선 네트워크가 언제, 어디서, 어떤 단말과도 연결해 주는 기반구조를 유비쿼터스 네트워크라고 부른다. *광대역 초고속정보통신망이 모든 도시공간을 사람 몸의 척추와 같이 네트워크로 연결하고, 모바일 네트워크는 휴대폰을 가지고 있는 사람이 전국 어디에서든 연결되는 것처럼 모든 공간을 동일한 방식으로 빈틈없이 연결하며, 무선 네트워크가 도시공간의 다양한 크기와 종류에 따라서 수많은 백화점, 박물관, 시장,*

*교량, 체육관과 같은 공간에 존재하는 내부 요소들을 하나로 연결시킴으로 도시 전체의 사물이 지능화되고 사람과 정보를 주고받을 수 있게끔 구축한 것을 유비쿼터스 도시라고 부른다.*

유비쿼터스 도시는 다음과 같은 요소로 이뤄진다.

- 유비쿼터스 정부(u-Government) : 이미 언급한 바 있는 u-정부 즉, 전자 정부는 이미 인터넷이 활성화 되던 무렵부터 모든 정부기관의 목표였다. 실제 이전에는 종이로 이뤄지고 관공서에서만 이루어지던 수많은 일들이 인터넷 환경 하에서 더 빠르고, 더 편리하게 서비스되고 있다. 이것은 유비쿼터스 도시를 이루기위한 중요한 전제조건이 된다.

- 긴급재해 서비스 : 유비쿼터스화된 도시에서 가장 눈에 띄게 변화하는 것 중에 하나가 긴급재해에 대한 관련기관의 빠른 대처다. 종전에는 화재가 발생하였다고 하더라도 신고가 있기 전에는 소방 서비스가 출동할 수 없었지만, 유비쿼터스화된 도시에서는 화재의 기미가 있을 때부터 이미 빌딩의 재해방지시스템이 작동하여 화재의 위험을 최소화하고, 실제 화재가 발생하더라도 신고 없이 바로 센서가 가장 빠르게 대처할 수 있도록 119와 연계하여 빠르게 대처한다.

- 친환경 시스템 : *친환경시스템이란 도시의 각종 환경을 관리하는 개념이다. 실시간 환경감시(오염원, 토양오염), 재난경보시스템(지하수 수질감시, 대기/소음 관리 등) 각종 관리시스템을 총칭하는 것을 유비쿼터스 친환경시스템이라고 한다.* 곳곳에 내장되어 있는 칩은 실시간으로 각종 환경에 관련된 재난을 예보하고 이를 총괄하는 시스템은 가장 적절한 대안을 내어 도시의 환경을 언제나 최적화된 상태로 유지한다. 각종 재활용이 가능한 자재들은 지금처럼 버려지지 않고 정해진 프로그램에 따라 재활용이 되어 폐기물을 관리하는데도 혁신을 이룰 것이다.

- 인공지능 교통시스템 : 스티븐 스필버그가 연출한 '마이너리티 리포트'를 보면 주인공이 탄 자동차가 자동항법장치에 의해 운전되어 원하는 장소로 이동되는 것을 발견할 수 있다. 실제 도로 곳곳에 설치되어 있는 컴퓨터와 차안의 컴퓨터가 정확하게 연동하게 되는 근 미래 사회에서는 목적지만 입력하면 차량이 자동으로 운전을 하게 되는 것도 가능한데 이런 영화 속의 공상을 현실화 시키는 기술이 유비쿼터스다(〈그림 6-3〉). 이미 GPS와 연동한 내비게이션 시스템으로 유비쿼터스의 일부를 체험하고 있지만, 발전된 유비쿼터스의 모습은 차량과 차량 사이의 거리를 조정하여 실제 교통사고 방지 시스템이 작동된 도시를 말할 것이다. 이미 적용 중인 GPS 내비게이션 시스템은 유비쿼터스와 하나가 되어 더 강력하고 편리한 서비스로 발전해 나갈 것이다.

〈그림 6-3〉 영화 '마이너리리포트' 에서 자동 항법 시스템

- 지역 커뮤니티 : 유비쿼터스는 사람과 사람 사이의 연계가 부족한 사회의 또 하나의 대안이 될 수 있다. 대면 접촉에 두려움을 가진 사람도 웹에서의 만남은 좀 더 적극적이었던 것처럼, 언제 어디서나 웹에 접속할 수 있는 사람들은 같은 이해관계를 가지고, 같은 관심사를 가진 지역 커뮤니티로 활성화될 것이다. 실제 현재 서비스되고 있는 각종 단지 네트워크는 단지 내의 생활을 좀 더 윤택하도록 도와주고 있는데, 유비쿼터스 기술은 이러한 단지 네트워크의 접속성을 더욱 강화하고 언제 어디서든 커뮤니티에 연결하도록 해주어 지역 커뮤니티를 활성화할 것이다. 특히 홈 네트워크 시스템이 자동으로 주문하는 쇼핑 시스템은 단지 네트워크와 연결하여 구매력을 높여 좀 더 낮은 가격에 물건을 구매할 수 있도록 하는 등 단지 내부의 사람들과 지역 커뮤니티를 강화할 것이며, 각종 지역 커뮤니티의 관심사 및 논의가 필요한 사항들을 빠른 시간 내에 해결해 줄 것이다.

- 은행업무 : 우리는 이미 모바일 뱅킹을 이용하여 유비쿼터스화된 사회에서 어떻게 은행업무가 변화할지 체험하고 있다. 유비쿼터스화된 도시의 은행업무, 즉 u-Banking은 단순 송금, 잔고 확인 등의 현재의 인터넷 뱅킹 수준을 넘어선 모든 금전 거래를 총괄하게 된다. 각종 세금과 범칙금 등은 u-정부와 연계되어 서비스된다.

- 위치정보시스템 : 위치정보시스템은 인공지능 교통시스템과 연계하여 시너지효과를 내기도 하지만 위치정보시스템 하나만으로도 큰 역할을 한다. 유비쿼터스화된 도시에서 부모는 더 이상 아이들이 미아가 될 걱정을 하지 않아도 되며 자신의 물건을 분실할 것을 걱정하지 않아도 된다. 칩이 내장된 모든 기기가 위치정보시스템과 연계되어 실제 그 물건을 분실하더라도 간단하게 분실의 위치를 검색할 수 있다.

[표 6-2] u-City 구현 사례

| 유형 | u-City | 도시규모 | | IT 구축비 (총사업비) | u-Service | 주요 서비스 |
|---|---|---|---|---|---|---|
| | | 인구(명) | 면적($km^2$) | | | |
| 신도시 | 화성동탄 | 12만 | 9 | 450억(4.2조) | 12 | 공공지역방범, 교통정보제공, 상수도 누수관리, u-포털 |
| | 세종시 | 50만 | 73 | 3,200억(22.5조) | 15 | 종합교통정보제공, 대중교통정보, 시설물관리, u-주차, u-Safety |
| | 파주교하 | 12.6만 | 9.4 | 900억(13.7조) | 15 | 환경모니터링, 시설물관리, 영상감시, 교통정보, u-포털 |
| | 수원광교 | 7.7만 | 11.3 | 1,000억(9.32조) | 23 | 지하매설물, 도로시설물관리, CCTV 방범, 건물정보관리, 도서관 자동화, u-포털 |
| | 성남판교 | 8.7만 | 8.5 | 800억(7.9조) | 15 | 환경오염정보, 상하수도 누수관리, 재해재난예방, 영상감시, 교통정보, 시설물관리 |
| | 인천송도 | 51.2만 | 96.3 | 2,505억(6.3조) | 10 | u-교통, u-방범, u-방재, u-시설물관리, u-Street, 외국인 모바일 지원 |
| 기업도시 | 원주 | 2.5만 | 5.3 | 405억(0.65조) | 27 | u-민원행정, 보건소원격진료, 교통정보, 기업지원포털, 화상회의, 대기/소음관리 |
| | 충주 | 2.4만 | 7 | 0.55억(56억) | 3 | u-사이버기업도시, u-Free, Internet zone, u-포털, 공공시설물관리 |
| 재개발 | 은평 뉴타운 | 4.5만 | 3.5 | 130억(1.3조) | 10 | 장애인/노약자 위치추적, u-행복놀이터, 세대맞춤정보, 주차 단속 CCTV |

u-코리아가 e-코리아에 이어 우리나라의 미래상으로 자리 잡은 가운데 주요 지방자치단체를 중심으로 유비쿼터스 도시 구현이 본격화되고 있다. 그 구현사례를 다음 [표 6-2]와 같이 살펴볼 수 있다. 다양한 구현사례 중, 화성 동탄의 경우를 구체적으로 살펴보도록 하겠다. 지원되는 u-service로는 공공지역방범, 차량번호인식, 환경오염 정보, 상수도누수관리, 미디어보드, u 플래카드, 교통정보제공, BIS[3], 불법주정차, 실시간교통신호제어가 있다. 이중, 공공지역방범과 미디어보드, U 플래카

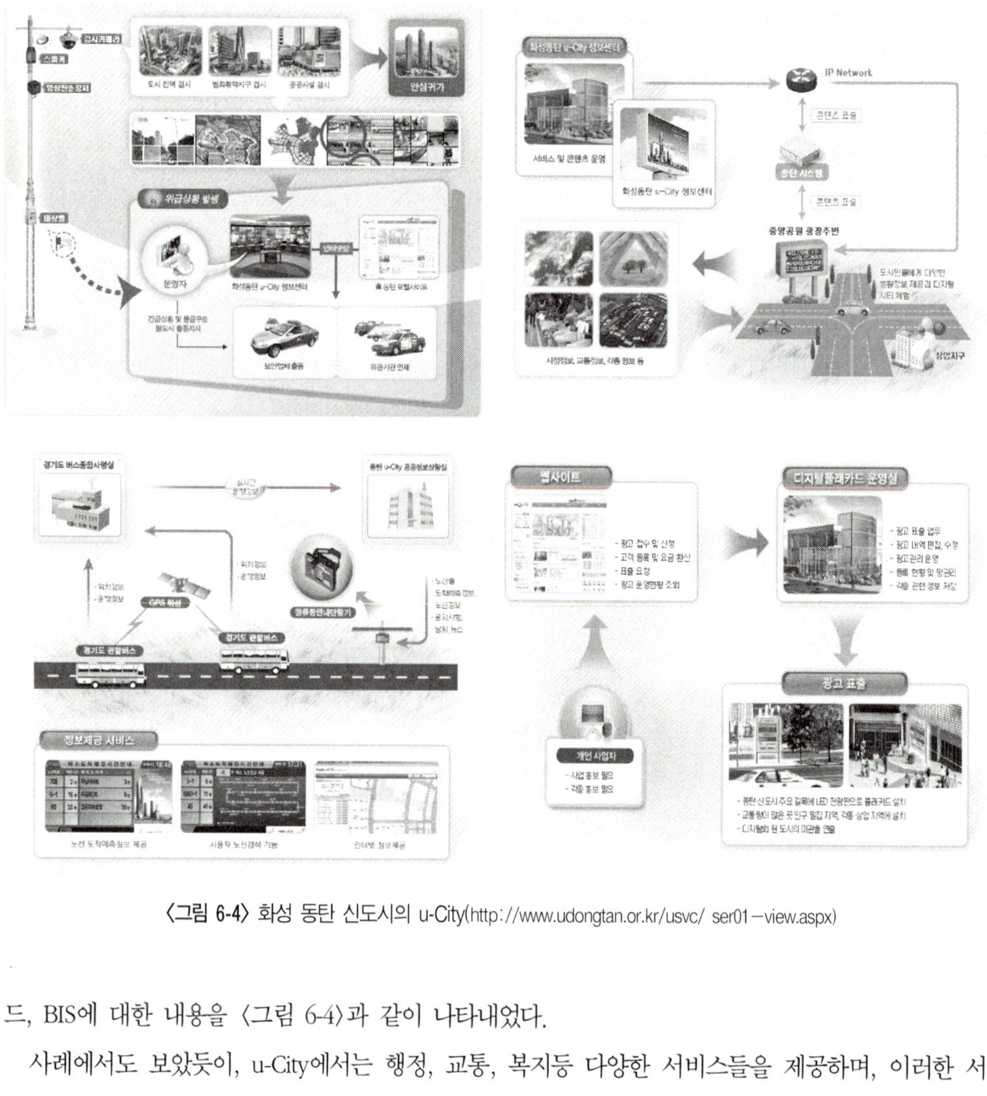

〈그림 6-4〉 화성 동탄 신도시의 u-City(http://www.udongtan.or.kr/usvc/ ser01-view.aspx)

드, BIS에 대한 내용을 〈그림 6-4〉과 같이 나타내었다.

사례에서도 보았듯이, u-City에서는 행정, 교통, 복지등 다양한 서비스들을 제공하며, 이러한 서비스들을 Mark Wiser가 제시한 유비쿼터스 컴퓨팅 환경, 즉 5A(Any where, Any Time, Any Network, Any Device, Any Service) 환경에서 제공하기 위해서이다. 그렇다면 5A가 무엇인지 살펴보도록 하자.

---

3) BIS(Bus Information System) : 버스의 운행정보를 실시간으로 전하는 첨단교통시스템을 말한다. 각 버스에 GPS 장치를 설치하여 인공위성을 거쳐 교통정보센터에 전송된 데이터를 인터넷 홈페이지, 휴대 전화의 SMS 서비스, 정류장에 설치된 전광판이나 모니터 등으로 다시 전송하여 제공하는 방식으로 이루어져 있다.

- Any where : 네트워크가 가능한 단말기를 가지고 있다면, 어디서든 네트워크 통신이 가능하다.
- Any Time : 유비쿼터스 기술은, 언제든지 정보를 실시간으로 주고받을 수 있는 환경을 제공한다.
- Any Network : 현재처럼 사용자는 가입된 통신망만을 이용하는 것이 아니라 언제 어디에서든 다양한 통신 사업자에 관계없이 단일 통신망을 이용하는 것처럼 서비스를 받을 수 있다.
- Any Device : 최근 디지털 기기들의 트렌드는 융합이라고 할 만큼 다양한 디지털 컨버젼스 상품들이 나오고 있다. 이는 기존의 TV와 컴퓨터, MP3, 휴대폰 등 기기들의 구분이 모호해지며, 다양한 기능들을 탑재한 컨버젼스 상품들이 주를 이룰 것이다.
- Any Service : 앞으로는 유선통신, 무선통신, 데이터 통신 전용 회선 등의 구분이 없어지고, 통합되어 한 개의 통신망이 모든 서비스를 제공할 것이다. 이를 차세대 통신망[4]이라고 한다.

이러한 5A 환경을 제공하기 위해서는 신원정보 및 위치정보 노출, 불법 접근, IP 위장, Dos공격[5], 신호방해 공격등 보안 위협에 대한 문제점을 충분히 고려해야한다.

기존의 정보보호는 사람과 사람 사이의 정보 교환 시 기밀성(機密性, confidentiality), 무결성(無缺性, integrity), 가용성(可用性, availability), 인증, 부인방지[6]가 중요한 이슈였으나, 현재는 사람과 사람, 사람과 기계, 기계와 기계간의 정보 교환으로 보다 더 다양한 객체들 간의 상호작용으로 인해 그 문제성은 더 심각하다고 볼 수 있다.

특히, 위에서 언급한 기밀성, 무결성, 가용성은 정보보안의 주요 목표이기도 하다.

- 기밀성 : 허락 되지 않은 사용자 또는 객체가 정보의 내용을 알 수 없도록 하는 것이다. 비밀 보장이라고 할 수도 있다. 원치 않는 정보의 공개를 막는다는 의미에서 프라이버시 보호와 밀접한 관계가 있다.

---

4) 차세대 통신망(NGN : Next generation networking) : 가까운 장래에 기존의 유무선 전화 체계, 인터넷이 통합, 발전된 광범위한 네트워크를 지칭한다. 차세대 통신망의 기저에는 목소리, 데이터, 비디오 같은 모든 종류의 매체를 하나의 네트워크가 패킷로 변환해 이를 전송, 처리하는 것을 염두에 두고 있다.

5) Dos 공격(Denial of Service attack) : 시스템을 악의적으로 공격해 해당 시스템의 자원을 부족하게 하여 원래 의도된 용도로 사용하지 못하게 하는 공격이다.

6) 부인 방지 : 정보를 보낸 사람이 나중에 정보를 보냈다는 것을 발뺌(부인)하지 못하도록 하는 것이다.

- 무결성 : 허락 되지 않은 사용자 또는 객체가 정보를 함부로 수정할 수 없도록 하는 것이다. 다시 말하면, 수신자가 정보를 수신했을 때, 또는 보관돼 있던 정보를 꺼내 보았을 때 그 정보가 중간에 수정 또는 첨삭되지 않았음을 확인할 수 있도록 하는 것이다.

- 가용성 : 허락된 사용자 또는 객체가 정보에 접근하려 하고자 할 때 이것이 방해받지 않도록 하는 것이다. 최근에 네트워크의 고도화로 대중에 많이 알려진 서비스 거부 공격이 이러한 가용성을 해치는 공격이다.

이러한 정보보호, 정보보안에 대한 문제점들은 기존의 개념을 포함하여 사용자 권한 관리, 사용자 익명성 보장, 서비스들 사이의 안정한 로밍 등에 대한 새로운 보안 요구사항을 만족하는 정보보호 시스템 구축이 요구된다.

이를 위해 u-City에서는 통합운영센터를 운영하며, 여기에서 모든 정보의 수집, 가공 및 활용 시 필수적으로 개인정보의 보호를 위한 우선적인 노력을 기울이도록 세부기준을 정하고 있다.

또한, u-City 건설은 크게 계획, 설계, 시공, 운영의 4단계로 나누어 이루어진다.

- 계획 : 정부기관 및 자치단체 정보통신망 상호연동, 센터 기능 및 역할

- 설계 : 보안성 검토, 개인정보보호

- 시공 : 기능, 성능, 상호운영성등, 보안성 검토, 개인정보보호

- 운영 : 기간통신망의 상호 업무, 운영평가, 유지보수

이렇듯, 통합운영센터는 하드웨어 및 소프트웨어의 정보시스템과 정보 수집을 위한 환경설비 그리고 정보가공을 위한 여러 가지 응용 소프트웨어로 크게 구분되며, 센터의 주요기능은 다음과 같다.

- 도시자원관리 : 가로등, 교통 시설물, CCTV 카메라 등의 도시 시설물과 정보통신시설물 등을 유무선 통신 인프라로 연결하여 센터에서 통합운영 함으로써 효율적인 도시 자원을 관리한다.

- 통합운영관리 : 도시 전역에서 수집된 자료를 종합적으로 분석하여 융·복합화된 관계 및 운영, 통합 GIS 기반의 도시통합운영센터 운영, 통합 열람기능을 통해 도시 전반의 위험정보관리, 외부기관과 연계하여 신속한 업무처리 및 위험 대응, 공동 미들웨어를 통한 교통, 환경, 빌딩 등 정보 수집, 외부기관정보 수집을 통해 융·복합 서비스 제공을 활용한다.

- 첨단 u-City 서비스 제공 : 행정, 교통, 방범, 문화, 환경 등 첨단 서비스 제공, QoS[7] 제공, 정보 서비스 융·복합을 통한 다양한 정보 서비스 제공, 기존 도시 인프라를 활용한 정보 제공, u-City 서비스 플랫폼을 통해 공공, 업무, 주거 서비스간 융·복합, 통계적 분석 및 변화관리를 통한 장애요소 대응
- 산업 경쟁력 향상 : 교통, 방범, 방재 센터등 관제시설을 통합함으로써 운영 인력을 줄이고, 시설의 중복 설치비용 절감을 통한 산업 경쟁력 제고

따라서, 성공적인 u-City를 구축하기 위해서는 정보보호를 기반으로 하는 체계적인 통합운영센터를 운영하는 것이다. 앞서 화성 동탄 신도시에 대한 내용을 언급했지만 국·내외적으로 u-City 사례를 좀 더 다양하게 알아보자.

### 6.2.1 국내 사례

#### 1) 삼성건설 – 래미안 u플랜

도시 내 아파트에 많은 사람들이 살고 있는 현재, 국내에서는 최초로 유비쿼터스 개념을 도입한 미래형 아파트가 이미 오래전에 등장했었다. 삼성건설은 신라호텔에서 유비쿼터스 아파트를 선보이고 "기술(u-테크)", "성능(u-퀄리티)", "디자인(u-디자인)", "서비스(u-서비스)"를 포함한 신개념 주거 공간으로 지금까지 공상영화에서나 가능했던 가상을 현실화했다는 점에서 그 의미가 크다. 따라서, 삼성건설은 유비쿼터스 아파트를 실현하기 위한 구체적인 지침을 "래미안 u플랜"으로 명명했다.

선보인 유비쿼터스 아파트에는 1) 입주자가 옷을 직접 입어보지 않고 착용 후 모습을 볼 수 있는 "매직미러"(〈그림 6-5〉) 2) 오감을 자극하는 시설물을 갖춰 정서 안정을 높여주는 "감성정원" 3) 앉으면 음악이 흘러나오는 "디지털벤치" 4) 3차원 일조 조망 통풍 분석 프로그램인 "래미안 환경성능 시스템" 등이 선보였다.

또한, 1) 자유롭게 언제 어디서나 유비쿼터스 환경에 접속할 수 있는 "u-Tech" 2) 미래기술과 시

---

7) QoS(Quality of Service) : 다른 응용 프로그램, 사용자, 데이터 흐름의 우선순위를 정하거나 데이트 전송에 특정 수준의 성능을 보장하기 위한 능력을 말한다.

〈그림 6-5〉 매직미러

스템을 집안으로 끌어들여 최적의 주거환경을 만들어주는 "u-Quality" 3) 누구나 이용이 가능토록 쉽고 편리하게 유비쿼터스 기능을 적용한 "u-Design" 4) 쉽고 편리하게 다양한 생활문화 서비스를 제공하는 "u-Service"를 제공하고 있다.

### 2) 운정 첨단 신도시

파주 운정 신도시는 수도권 서북부 거점도시로서 IT와 친수환경생태가 어우러진 u-City로 주택공사가 건설하는 아파트를 대상으로 홈 네트워크 서비스를 실현했다. 특히 국민임대주택단지에 홈 네트워크 서비스, 첨단공동시설 등을 제공하여 디지털 격차를 해소하는데 주력하였다. 다음 〈그림 6-6〉는 운정 첨단 신도시의 u-City 개념도이다.

운정 u-City를 실현하기 위해서는 기본성능과 특화성능으로 구분할 수 있다.

➡ 기본성능

- 언제, 어디에서든지, 누구나 인터넷과 네트워크에 접속할 수 있는 첨단 IT 인프라를 구축
- 재해, 환경오염, 교통사고 예방을 통한 안전하고 건강한 도시생활 및 주거생활
- 다양한 홈네트워크 서비스를 통해 거주자의 삶의 질 향상
- 도시전역에 설치된 IT시스템과 IT공공서비스를 통해 장애자, 독거노인, 저소득층 등 사회적 소외계층의 생활 지원

〈그림 6-6〉 운정 u-City 개념도

- 첨단 IT 산업 및 시설 유치로 지역경제 활성화
- 도시 통합네트워크센터를 통한 통합적, 유기적 도시 관리

⇨ 특화 성능

- 도시 전역의 IT시설의 관광자원화
- 개발진행 중인 새로운 유비쿼터스 기술적용을 고려한 인프라 구축으로 진화하는 도시 개발

## 6.2.2 국외 사례

### 1) 홍콩 – 사이버포트(Cyberport)

홍콩의 사이버포트는 아시아의 IT 허브 구축을 목표로 2000년부터 홍콩섬 남서쪽 해안지역 240,000m$^2$에 걸쳐 20억$의 예산을 들여 정부 주도로 건설되었다. 사이버포트 1, 2, 3, 4로 명명된 4개동의 업무시설, 상가, 영화관 등으로 구성된 편의시설, 호텔 및 주거시설로 구성되어 있다. 오피스 건물인 사이버포트 1, 2, 3, 4, 편의시설인 아케이드, 호텔 및 5개 단지 2,819세대의 고급 아파트로

Hong Kong Cyberpor

The Podium and The Arcade

Bel-Air Residence

Network Operations Centre

Media Orb at The Arcade, Cyberport

Night View of Cyberport

〈그림 6-7〉 홍콩 - 사이버포트(Cyberport)〈http://en.wikipedia.org/wiki/Cyberport〉

구성되는 사이버포트에서는 미디어산업의 유치를 위해 사이버포트 3에 디지털 미디어 센터, 홍콩 무선 IT 센터, 지원시설, 전시/홍보 시설 등을 설치하여 조성한 IT Street가 핵심적 역할을 하고 있다.

디지털미디어 산업발전 및 입주 업체를 위한 하드웨어와 소프트웨어를 지원하기 위해 설치된 디지털 미디어센터는 산학연이 협력하여 IT 인력을 양성하고, 디지털 콘텐츠를 개발하는 동시에 미디어업체를 위한 AV 스튜디오 및 제작실, 인텔리전트 미팅 룸, 멀티미디어 워크스테이션, 3D 스캐닝 시스템, 모션 캡처 시스템 등을 갖추고 있다. 홍콩정부와 과학기술기금, 무선통신 회사 등이 모여서 설립한 홍콩 무선 IT센터에는 무선과 모바일 기기개발, 컨설팅, 기기 실험, 제품전시, 보급교육을 위해 개발실, 자료실, 전시 공간 및 훈련실 등이 설치되어 있다. IT, 무선, 음악, 비디오 정보와 관련된 물리적 · 전자적 정보를 보관하고 이용자에게 제공하는 디지털 자원 센터는 IT 관련 각종 기술정

〈그림 6-8〉 화상회의실, iResource Center I, iResource Center II, NOC

보의 일반 도서관에 디지털 콘텐츠의 디지털 도서관이 부가된 사이버포트 입주업체를 위한 지원시설이다. 이외에 IT Street에는 화상회의실, 교육실, 전시, 홍보 공간 등이 있으며, 사이버포트 건물 내에는 IT와 이동통신 서비스에 발생 가능한 사고를 예방하고 대처하는 Network Operations Centre(NOC), 중앙데이터 교환소인 Tenant Central Data Exchange(TCDX)가 설치되어 사이버포트의 원활한 운영에 기여하고 있다(〈그림 6-7,8〉).

### 2) 말레이시아 – MSC(Multimedia Super Corridor)

국가 전역에 초고속정보통신망을 구축하여 사람, 자연, 기술이 조화되는 도시를 개발하기 위해 1996년부터 정부의 주도하에 15㎞×50㎞ 규모로 시작된 말레이시아의 MSC 개발 계획은 실리콘밸리와 같은 첨단 정보산업단지를 2020년까지 완공한다는 목표로 업무, 주거, 교육, 문화를 종합하여 친환경적으로 개발되고 있다. MSC는 쿠알라룸푸르 국제공항, 기술공원, 정보산업단지인 사이버자야(CyberJaya)(〈그림 6-9〉), IT행정도시인 푸트라자야등으로 구성되어 있다.

- 사이버자야 : MSC의 핵심지역으로 17,297에이커에 IT 업체의 업무시설을 중심으로, 상업, 주

〈그림 6-9〉 Cyberjaya CCC 내부 I,II

거시설이 계획되어 있고, 멀티미디어대학 등 교육시설이 있으며 도시 관제 센터에서 모니터링과 도시 관리를 하고 있다.

- 기술공원 : R&D Centre로서 750에이커에 12개의 인텔리전트빌딩이 건설되어 있고 그 중 4개의 빌딩은 MSC에 서비스를 제공하는 지원시설이고, 나머지는 R&D 기관들이 사용하고 있다.
- UPM-MTDC(Universiti Putra Malaysia-Malaysia Technology Development Corporation) : 신기술의 벤처기업을 육성하는 산학협동 기술개발 연구센터이다.
- KLCC(Kuala Lumpur City Centre) : 기존 도심을 자족도시로 개선하는 계획으로 상업, 호텔, 주거, 기업, 문화시설 등의 복합용도로 개발되고 있으며 MSC의 북쪽에 위치하여 공원을 중심으로 페트로나스 트윈타워 등 복합용도의 건물군이 배치되어 있어 말레시아의 상징이 되고 있다.
- Menara Kuala Lumpur : 421m의 방송통신용 타워이자 MSC의 기능적 상징으로 계획되었다. 멀티미디어 산업을 집중 육성함으로써 MSC가 단순 노동기지 또는 기술 및 인프라 임대기지로 전락하는 것을 방지하고 세계시장 진출을 목적으로, IT기업과 우수 인력이 생활하는데 필요한 인프라를 지원하고, 규제완화 · 철폐, 세금감면, 양질의 서비스 및 필요 인력 제공 등 유수기업의 유치를 위해 다양한 지원정책을 수행하고 있다.

이러한 지원정책의 일환으로 증가하는 인력 수요를 위해 MSC에 멀티미디어 대학을 세워 정보통신 관련분야의 학생을 매년 3,000여 명씩 입학시키고 있으며, 기술공원에 사이버인큐베이터(Cyber

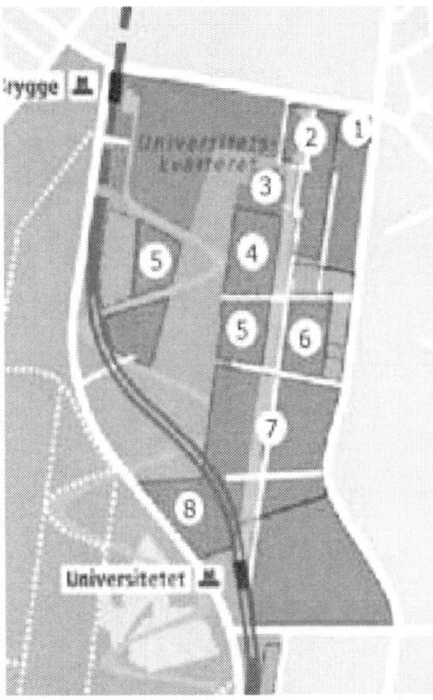


크로스로드 배치도

IT 대학

덴마크 대학

덴마크 방송

대학기숙사

〈그림 6-10〉 크로스로드

Incubator)를 만들어 벤처기업 창업을 지원하고 있다. 그러나 당초에는 Oracle, Intel, Sun Micro System, Fujitsu, Microsoft 등 세계적인 다국적 기업의 입주를 추진하였으나 유례없는 대규모 개발계획에 기인한 막대한 구축비용 때문에 계획대로 인프라나 편의시설이 설치되지 못하고 있으며, IT 강국인 싱가포르와 인접한 지리적 위치에 따른 불리한 입장의 문제 등으로 대기업의 본사보다는 하청업체가 주로 입주하고 있는 실정이다. 한편, Green City를 표방하고 있는 MSC는 자연 지형과 형상을 최대한 살리는 친환경 계획을 목표로 인공적인 조경 계획보다는 자연 보전형 녹지 공간 확보를 중시하고 있으며, 건물도 말레이시아 전통적 디자인을 중시하는 등 자연친화적·전통적 첨단신도시를 개발하고 있다. MSC는 쾌적한 자연환경과 IT를 연계하여 우수한 기업환경을 제공하고자 규제완화, 인력제공 등의 정책을 추진하고 있으나 IT인프라, 편의시설 등의 질적 수준이 미흡하여 IT업체 유치 및 MSC의 활성화가 부진한 상태이다.

그 외 *덴마크 코펜하겐의 크로스로드(Crossroads)*(〈그림 6-10〉)와 *독일 쾰른의 미디어파크(MediaPark)*(〈그림 6-11〉)를 사례로 들 수 있다.

〈그림 6-11〉 EMI 스튜디오, 인공호수와 환기타워, 미디어파크와 시내 연결교량

이상과 같이 유럽의 첨단신도시는 아시아의 신도시와는 달리 전적으로 정부 주도하에 개발되기보다는 민관합자회사를 설립하여 개발·운영하고 있다. 코펜하겐의 크로스로드를 제외하고는 기존도시와의 연계성을 매우 중요하게 생각하고 있으며 첨단기술을 활용하여 도시문화를 가꾸고 산업으로 연계하는 문화산업에 주력하고 있다. 또한, 환경 친화적이며, IT를 활용하여 에너지를 절감하고 환경을 보전하는 ECO & IT City로 개발되고 있다는 점은 아시아의 첨단신도시와 동일한 특성이다. 특히 유럽의 첨단신도시는 IT, 미디어 산업 등의 신산업 유치만을 중시하기보다는 IT, 미디어 분야의 대학을 설치하고 이와 연계하여 지역산업을 활성화하거나 IT, 미디어산업과 관계가 깊은 영화제를 유치하고 이벤트를 개최하여 관광자원화 하는 등 다양한 방법으로 도시를 운영하고 있다. 이와 더불어 도시 중앙이나 건물과 연계하여 인공 호수나 인공수로 등의 친수공간을 조성하고 있으며, *헬싱키의 아라비안란타*에서는 자연호수나 조경공간을 적극보존·활용하고 있다. 하이테크한 건축물로 계획하되 기존 건물과의 조화를 중시하고 있으며, 건물마다 예술장식품 설치를 의무화하거나 독특한 사인이나 IT를 활용한 인테리어 등이 도시의 이미지를 높이고 있다.

유비쿼터스 융복합 삶

CHAPTER 07

# 유비쿼터스 기술

# CHAPTER 07 유비쿼터스 기술

라디오전파를 통해 사물과 사람을 식별하고 그것을 여러 분야에 응용하는 RFID의 구성요소, 작동원리와 특징을 살펴본 후, 인간이 필요로 하는 모든 곳에 RFID 전자태그와 센서노드를 설치하고, 이를 통해 기본적인 사물 인식은 물론 주위 환경정보까지 파악하여 네트워크 망을 통해 실시간으로 관리하는 USN의 구현기술과 특징에 대해서 알아본다. 또한, RFID/USN의 응용분야와 활용사례, 문제점과 개선점을 알아보므로 미래의 유비쿼터스 기술을 예측해 본다.

인류는 산업혁명 이래 물리적 공간에 대한 중요성이 지배되던 소유의 시대를 거쳐, IT혁명을 발단으로 전자적 공간으로의 접속을 통해 공유의 시대를 맞이한 것이 얼마 되지 않았다. 그럼에도 불구하고 계속해서 급속도로 발단하는 기술 진보와 더불어 새로운 환경적, 기술적 패러다임이 불고 있다. 물리적 공간과 전기적 공간의 융합(Convergence)과 조화를 통해 생활 속 충돌과 단절을 최소화 시키고 편리함을 추구하는 공간, 바로 유비쿼터스 사회가 도래하고 있는 것이다.

RFID/USN 기술은 도시, 건설, 교통, 물류, 제조, 유통 등 산업 전반에 걸쳐, 많은 영향을 미칠 것으로 생각되며, IT 기술은 더 이상 기능에만 머무르지 않고 우리의 모든 생활 속에 깃들어, 보다 편리하고 안전하며 수준 높은 삶의 질을 보장해 줄 것으로 보인다.

## 7.1 RFID(Radio Frequency Identification)

RFID는 쉽게 말해 '전파식별'이다. 즉, 라디오전파를 통해 사물과 사람을 식별하고 그것을 여러 분야에 응용하는 것이 바로 RFID의 기본적인 개념이다. 이런 개념을 이해하기 위해서는 우선적으로 이미 우리 생활 속에서 많은 활약을 펼치고 있는 '전파'가 무엇인지 이해하는 것이 중요하다.

전자기파는 그 파장에 따라 다양하게 분류할 수 있다. 사람의 눈으로 식별할 수 있는 파장을 *가시광선*이라고 부르고 이것이 우리가 일반적으로 말하는 빛이라고 할 수 있는데, 파장이 약 780nm

에서 1mm에 이르는 전자기파는 *적외선*이라고 부른다. 적외선촬영이나 난방을 위해서 이를 이용하기도 한다. 전자기파는 파장에 따라 이 외에도 마이크로파, 자외선, 엑스선, 감마선, 라디오파(전파) 등으로 구분되며, 이 중에서 *라디오파*는 전원과 진동회로를 사용해 진동전류를 일으키고 안테나를 통해 일정파장을 지속적으로 보낼 수 있다. 바로 이 원리를 이용하여 통신시스템에 적용하고 있는 것이다.

우리가 많이 사용하는 핸드폰과 교통카드는 이미 우리 생활 속에서 필수품이 되어가고 있다. 교통카드나 핸드폰이 바로 '전파'에 의해 이용 되고 있다. 교통카드는 일단 접촉한다는 점에서 바코드와 비슷하게 볼 수 있지만, 원리는 상당히 다르다. 바코드는 단순히 반사되는 빛의 양을 통해서 이미 저장된 정보만을 읽어내는데 반하여, 교통카드는 전파를 이용해 카드내부에 있는 IC[1)]칩과 교통카드 단말기 사이에서 교신을 하기 때문이다. 핸드폰 역시 기기 내부에 칩을 가지고 있어 기지국과 핸드폰 사이에서 통신 할 때 같은 원리를 이용하게 된다.

### 7.1.1 RFID의 정의

RFID는 *"사물에 부착된 태그로부터 전파를 이용하여 사물의 정보 및 주변 환경을 인식하여 각 사물의 정보를 수집, 저장, 가공, 추적함으로써 사물에 대한 측위, 원격 처리, 관리 및 사물 간 정보 교환 등의 다양한 서비스를 제공함을 말한다."*라고 정의할 수 있다. 즉, 안테나와 칩으로 구성된 RFID 태그에 사용 목적에 알맞은 정보를 저장하여 적용 대상에 부착한 후, 판독기에 해당하는 RFID 리더를 통하여 정보를 인식하는 방법이다. RFID는 유비쿼터스 시대에 절실히 요구되는 센서 기술로서 각광받고 있다. '전파식별'의 '식별'이라는 말이 어느 때 보다도 중요하게 다루어지는 상황이며, 단지 전파를 인식하는데 그치는 것이 아니라, 사물의 주위 상황을 인지하고, 기존 IT시스템과 실시간으로 정보를 교환/처리할 수 있는 등, 다양한 활용분야가 기대되고 있다.

---

1) IC(Integrated Circuit) : 특정 기능을 수행하는 전기 회로와 반도체 소자를 하나의 칩에 모아 구현한 것을 말한다.

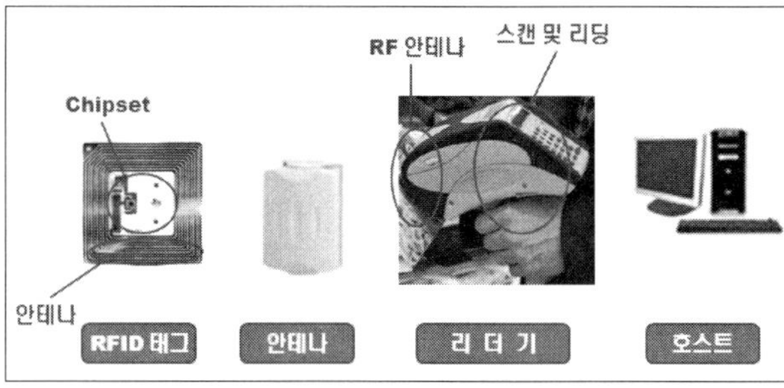


〈그림 7-1〉 RFID 구성 요소

## 7.1.2 RFID의 기본 구성 요소

RFID 시스템은 기본적으로 사물의 정보를 갖고 있는 태그(Tag), 사물에 부착된 태그의 정보를 인식하는 리더기(Reader, or Interrogator), 그리고 리더기로부터 인식 받은 정보를 처리하는 호스트 컴퓨터, 네트워크, 응용 프로그램 등으로 이루어진다.

- Tag : 개별 Item의 고유정보를 저장하여 리더기를 통한 자동인식을 가능케 하는 RFID 시스템의 핵심 구성 요소라고 할 수 있으며, 사용주파수, 재기록 여부, 신호발진기 유무 등에 따라 다양한 기술적 특성을 갖고 있고, 애플리케이션에 따라 다양한 형태로 적용되기도 한다.

[표 7-1] 분류 방식에 따른 다양한 RFID 태그 종류

| 방식별 구분 | 원리 | |
|---|---|---|
| 읽기/쓰기 가능여부 | 읽기 전용 | 제조 시 정보 입력, 정보내용은 변경 불가<br>저렴한 가격으로 바코드와 같이 단순 분야에 사용 |
| | 한번쓰기 가능 | 사용자가 데이터를 1회 입력할 수 있지만, 입력 후에는 변경 불가 |
| | 읽기/쓰기 가능 | 여러 번 데이터 입력과 변경이 가능<br>가격은 높지만 고가 상품 등에 활용 가능 |
| 태그 전원유무 | 능동형 | 태그에 배터리 부착, 수십m 원거리 통신용<br>가격 고가, 수명 제한, UHF대역 이상에서 사용 |
| | 수동형 | 태그에 배터리가 없으며, 10m 이내 근거리 통신용<br>가격이 저렴하며, 반영구적 사용 가능(약 10년 이상) |

- Reader : 태그에서 발생하는 신호를 수신하여 얻은 정보를 해독하고 네트워크망 및 호스트와 연결고리를 수행한다. 용도에 따라 고정형, 이동형, 휴대용으로 구분되며, 안테나 및 RF(Radio frequency)회로, 변/복조기, 실시간 신호처리 모듈, 프로토콜 프로세서 등으로 구성된다.
- Host : 리더기로부터 해독된 여러 데이터를 처리하고, 분산되어 있는 다수의 리더 시스템을 관리한다. 리더부터 발생하는 대량의 태그 데이터를 처리하기 위해 에이전트 기반의 분산 계층 구조로 되어 있다.

### 7.1.3 RFID 작동 원리

RFID의 작동 원리를 다음과 같이 정리할 수 있다.

① 칩과 안테나로 구성된 태그에 활용 목적에 맞는 정보를 입력하고 박스, 팔레트, 자동차 등에 부착.

② 게이트, 계산대, 톨게이트 등에 부착된 리더에서 안테나를 통해 발사된 주파수가 태그에 접촉.

③ 태그는 주파수에 반응하여 입력된 데이터를 안테나로 전송.

④ 안테나는 전송받은 데이터를 변조하여 리더로 전달.

⑤ 리더는 데이터를 해독하여 호스트 컴퓨터로 전달.

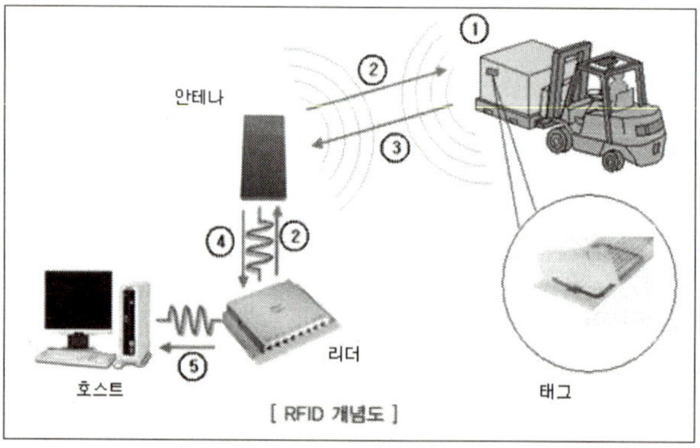


〈그림 7-2〉 RFID 작동 원리

[표 7-2] 바코드와 RFID의 차이점

| 구분 | 바코드 | RFID |
|---|---|---|
| 인식방법 | 광학식 Read Only | 무선 Read/Write |
| 정보량 | 수십 단어 | 수천단어 |
| 인식거리 | 최대 수십 Cm | 최대 100m |
| 인식속도 | 개별스캐닝 | 최대 수백 개 |
| 관리레벨 | 상품 그룹 | 개개상품(일련번호) |
| 가격 | 라벨인쇄 10원 미만 | 태그 수백 원 |

### 7.1.4 RFID의 특징

RFID는 다양한 주파수 영역 별로 각각 적용할 수 있는 분야가 굉장히 많다. 또 기존 바코드와의 비교([표7-2])를 통해서 성능상의 우월성을 확인할 수 있다. 현재 가격 분야는 계속해서 개선되고 있는 중이다.

다음으로 RFID 기술이 가질 수 있는 이론적 특징들을 추가적으로 설명한다.

- 비접촉 인식 가능
- 인식 방향에 관계없이 ID 및 정보 인식
- Tag에 붙은 Data 인식속도 빠름
- 저렴한 유지보수 비용 및 관리가 용이
- System 및 환경에 맞게 설계 및 제작 가능
- 먼지, 습기, 온도, 비 등에 상관없이 data 전송 가능
- 대용량 Data 전송 가능
- Data의 저장 및 인식 가능
- RFID Tag의 재사용

## 7.2 USN(Ubiquitous Sensor Network)

### 7.2.1 USN의 정의

*USN 즉, 유비쿼터스 센서 네트워크는 인간이 필요로 하는 모든 곳에 RFID 전자태그와 센서노드를 설치하고, 이를 통해 기본적인 사물 인식은 물론 주위 환경정보까지 파악하여 네트워크 망을 통해 실시간으로 관리하는 것을 의미한다.* 언제 어디서나 인간이 의식하지 않아도 자유롭게 컴퓨터 기능과 네트워크 망을 이용할 수 있는 첨단 지능형의 '유비쿼터스' 사회 구현을 위한 필수 인프라라고 할 수 있다.

다시 말해 USN은 실세계의 각종 사물과 환경 전반에 컴퓨터를 장착하되, 이용자에게 컴퓨터의 모습을 보이지 않고, 효과적으로 융합함으로서 사용자의 자각 없이도 언제 어디서나 존재하는 컴퓨터를 편리하게 이용할 수 있도록 만드는 것이다.

### 7.2.2 USN 구현기술

USN 구현 기술은 크게 센싱(Sensing), 프로세싱(Processing), 커뮤니케이션(Communication), 인터페이스(Interface), 보안(Security) 영역의 다섯 가지 기술로 나뉜다. 이 중 센싱, 프로세싱, 커뮤니케이션은 환경에 대한 정보인지, 판단 측면을 나타내고, 인터페이스, 보안은 인간과의 의사소통측면을 고려하는 기술이다.

- 센싱 : 외부의 정보나 환경의 변화를 감지하는 기술로서, 주로 RFID 기술, 즉 무선 주파수 인식을 통해 사물이나 사람을 식별하고 필요 정보를 자동으로 전송하는 전자 태그 기술을 통해 구현된다. 센서는 쉽게 말해 인간의 오감같이 주위 환경을 느끼고 인식하는 소자나 시스템을 말하며, 센서 네트워크는 이들 간의 통신을 가능하게 하는 센서 간 네트워크를 말한다.

- 프로세싱 : 센서를 통해 수집한 정보를 판단 및 처리하는 기술로서, 유비쿼터스 컴퓨팅을 위해서는 실시간으로 정보처리가 이루어질 수 있는 기술이 필요하다.

- 커뮤니케이션 : 말그대로 의사소통을 가능하게 하는 기술로서, 사람과 사물, 혹은 사물과 사물

간의 정보 교류를 가능하게 한다. 유비쿼터스 환경에서는 끊임없이 수많은 기기 간 통신이 이루어져야 하는 만큼 많은 IP 주소가 필요하다. 현재 사용되고 있는 IPv6는 주소의 길이를 32비트에서 128비트로 확장시킴으로서 무려 3.4 * 10 $^{38}$(거의 무한대)의 주소를 갖게 되므로, IP 주소의 필요가 아무리 늘어나도 충분할 만큼, 풍부한 주소 체계이다. 계속해서 지능형 제품과 시설 및 홈 네트워크와 유비쿼터스 사회가 실현되기 위해서는 필수적인 기술 요소라고 할 수 있다.

- 인터페이스 : 제품의 사용자를 위한 기술로서, 사실 유비쿼터스 제품이나 환경을 떠나서도, 많은 제품들이 사용하기 편리한 조작 방법이나 조작환경 구축을 추구하고 있다. 이를 컴퓨터 공학적인 측면에서 HCI라고 하며, 특히 유비쿼터스에서는 사용자가 컴퓨터의 존재를 인식하지 않고도 얼마든지 자연적으로 접근하고 이용할 수 있어야 하기 때문에, HCI 측면에 대한 적극적인 개발이 더욱 필요하다.
- 보안기술 : 사실 현재의 RFID 기술은 보안기능이 매우 취약하다고 한다. 태그의 변조, 위장리더, 서비스 거부 공격 등 수많은 위협에 노출된 상태이며, 특히 개인 프라이버시가 가장 심각한 위협에 노출된 것으로 지적되고 있다. 따라서 보안 분야는 정보의 도용, 왜곡, 분실을 방지하기 위한 기술로서 향후 적극적인 기술 개발이 요구되고 있다.

### 7.2.3 USN의 특징

USN은 정보화의 대상이 과거 특정영역으로부터 모든 사물로 확장됨으로서 IT 활용의 고도화, 지능화에 의한 유비쿼터스 컴퓨팅의 실질적인 구현을 목표로 한다.

이처럼 유비쿼터스 사회로의 실현을 가능하게 해줄 USN은 현재 상용화되어 사용하고 있는 RFID 네트워크처럼 단순히 사물의 기본적인 정보만을 수집하는 수준에서 주위의 사물들을 모두 인식함은 물론, 주변 환경의 감지와 양방향 통신(Two-way communication)을 가능하게 한다. 이는 지능형 센서 네트워크 시대를 의미하며, 이에 따른 보다 다양한 실생활의 활용이 가능해 질 것이다.

유비쿼터스 사회로의 진입에서 센서 네트워크화는 현실 세계에 존재하는 모든 사물, 즉 식탁이나 책상, 의자, 진열대, 혹은 사람들이 갖고 다니는 핸드폰, 시계, 신발 등의 사물에 다양한 기능을 갖는 컴퓨터, 혹은 센서들을 장치하고 이들을 보이지 않는 무선 네트워크 등으로 연결하는 작업이다.

[표 7-3] 주파수 종류별 특성

| 주파수 구분 | 특징 | 적용 가능분야 |
|---|---|---|
| 저주파수 대역<br>(125㎑ & 134㎑) | 짧은 인식거리(1m이하)<br>저가형<br>느린 인식속도 | 출입통제<br>동물식별<br>재고 관리 |
| 중간주파수 대역<br>(13.56㎒) | 중 저가형, 상호유도방식 적용<br>비금속 장애물의 투과성 우수 | 출입 통제<br>스마트카드 |
| 고주파수 대역<br>(433MHz) | 고가형, 능동형<br>긴 인식거리 | 컨테이너 식별 및 추적 |
| 고주파수 대역<br>(860~960MHz) | 저가형, 장거리 인식 (~10m)<br>금속 및 액체 인식률 저조<br>수동형 | 유통물류 분야 |
| 마이크로파 대역<br>(Microwave : 2.45㎓) | 장거리(~27m)<br>빠른 인식속도<br>고가형 | 자동차 운행 흐름 모니터링<br>톨게이트 시스템 |

이를 통해 앞으로는 사람과 컴퓨터, 사물이 하나로 연결될 수 있을 뿐 아니라, 자유롭게 정보를 주고받을 수 있어, 정보 전달의 어려움이나 정보의 활용 문제를 해결할 수 있다. 이처럼 물리 공간이 전자-통신 공간과 연결된 무한한 공간이 바로 센서 네트워크이며, 이를 이용해 인간에게 보다 편리와 이로움을 제공하고자 하는 것이 유비쿼터스 센서 네트워크인 것이다.

## 7.3 RFID/USN 응용분야 및 활용사례

RFID/USN과 관련한 활용 사례는 보건의료, 교육, 도시, 교통과 물류, 가정 등 다양한 곳에서 예를 살펴볼 수 있다. 이미 이전 장에서 자세히 언급하였으므로, 몇 가지 분야에서만 살펴보자.

우선, *교육*측면에서 보면, u-교육을 통해 앞으로는 교실이나 운동장 같은 전통적인 교육 공간을 떠나 보다 다양한 직접 체험 방식의 교육이 활성화 될 것으로 보인다. 또한 교육 자료의 공유와 유통을 통해, 다수의 수요자들에게 제공할 수 있음과 동시에 1:1 맞춤 서비스도 가능해지기 때문에 교

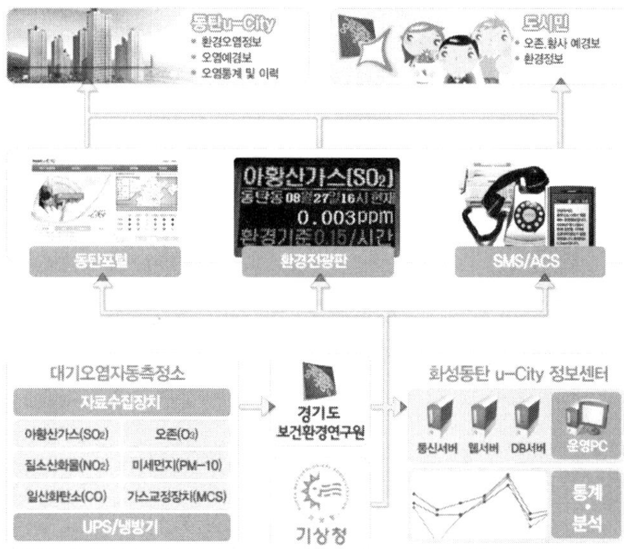


〈그림 7-3〉 화성 동탄 신도시, u-Service 중 환경 오염 정보

육의 양과 질 모두의 향상이 기대된다. 또한 달라진 u-교육은 학습자에게 뿐만 아니라, 교사, 학부모와의 연계와 커뮤니케이션을 강화시켜, 보다 활발한 교육현실에 대한 논의와, 상호관계 증진을 통한 학습능력 향상에 도움을 줄 것으로 기대한다.

대학교에서도 역시 u-캠퍼스 바람이 불고 있다. RFID/USN과 디지털 컨버젼스 기기들의 융합을 중심으로 구축되고 있으며, 학생증, 출입증, 현금카드를 통합하고 수강정보나 학사 행정 등을 교내 어디서나 편리하게 제공하는 형태로 구축되고 있다.

***도시*** 측면에서 보면, u-City는 최근 급속하게 발달하고 있는 정보통신 기술과 인프라, 그리고 유비쿼터스 컴퓨팅에 의한 정보서비스를 도시공간에 융합한 지능형 미래 도시로서, RFID를 기반으로 한 유비쿼터스 네트워크와 센싱, 상황인지, 자율대처 등 u-IT를 활용하여, 노동과 교육, 환경 등 다양한 도시 서비스가 지능화된 형태로 도시민에게 제공되는 공간이다.

기존의 도시가 갖고 있던 지역 간 불균형, 환경오염, 비효율적인 에너지 활용 등을 개선하고, 정부 중심의 운영을 통해 교통, 환경, 시설물 관리, 문화 등 다양한 도시 활동을 지능형, 맞춤형 서비스로 제공하여, 보다 쾌적하고 풍요로운 도시민의 삶을 추구 하는 것이다.

이미 이전 장에서 언급했듯이, 화성동탄 신도시의 경우, u-City를 구축하기 위해 다양한 u-Service를 제공하고 있다. 그중 다음 〈그림 7-3〉은 환경오염 정보 서비스를 어떻게 운영하는지를 보여준다,

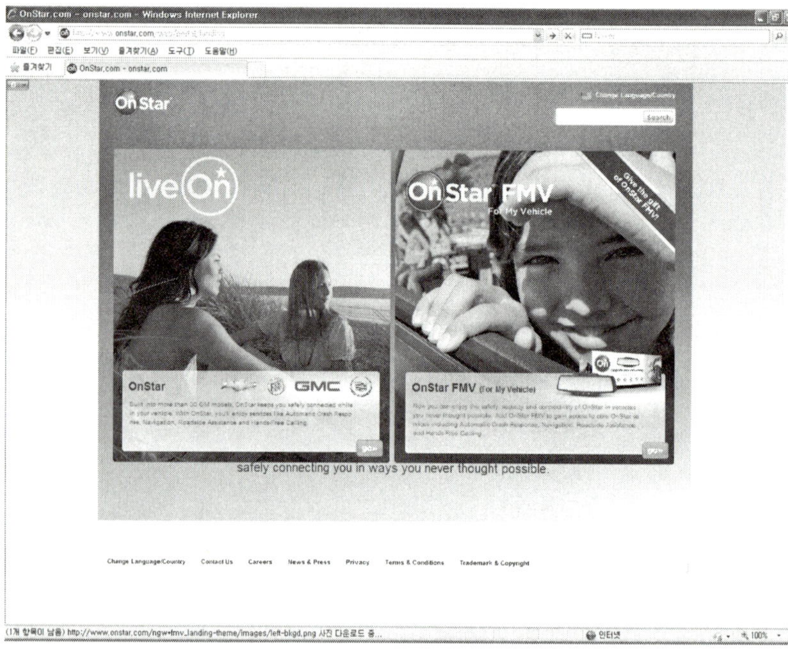


〈그림 7-4〉 http://www.onstar.com/web/portal/landing

또한, 은평 뉴타운 신도시의 경우, 지난 2010년부터, 3S(Smart Play, Safe Place, Smart Grid)를 실현하여 어린이들이 환경의 소중함과 에너지 절약 체험을 통하여 즐겁고 안전하게 즐길 수 있는 u-어린이행복놀이터 서비스가 시행되고 있으며, 2011년에 창릉천, 실개천에 설치된 센서를 통해 얻게 되는 수질정보와 대기질 정보, 아리수 수질정보 등을 미디어 보드 및 세대기에 제공하는 u-Green 서비스를 제공하였다. 이러한 구축사례에서도 볼 수 있듯이, 미래에는 여러 관계자들이 협업하여 살기 좋은 u-City를 마련하기 위해 노력해야한다.

***교통과 물류***측면에서 보면, USN 인프라를 바탕으로 한 지능형 도로 구축과 교통시스템, 그리고 첨단 자동차의 개발로 인해, 보다 다양하고 편리한 u-교통서비스가 가능해진다고 한다. 예를 들어 대표적인 자동차 생산 기업인 GM사는, 이미 지난 2007년, 엔진관리와 무선통신, GPS등을 결합하여 도로상황 안내와 제한 속도 준수, 배기가스 조절 등 다양한 지능형 서비스를 제공하는 Onstar 시스템(〈그림 7-4〉)를 선보였으며, 이러한 첨단 차량 기술은 지능형 도로와 u-교통관리체계 속에서 더욱 그 진가를 발휘할 것으로 보인다.

도로 교통서비스가 지능화 된다는 것은 곧 물류산업의 핵심이라고 할 수 있는 차량 운반과 수송에 대한 최적의 경로와 정보를 제공함을 의미하며, 이는 지능형 물류 네트워크의 실현을 가능하게 했다. 도로상황 체크와 최단 경로 안내 등의 지능형 교통 서비스는 물류 수송 시간을 단축함으로서 전체 물류비의 수송비용을 대폭 절감 시킬 수 있으며, 이를 위해 건설교통부는 버스, 화물 차량을 대상으로 USN을 활용하여 주행속도, 운행위치, 운행경로 파악과 같은 다양한 기능들을 실현하고 있다.

***가정측면***에서, u-홈(u-Home)은 실용적이고 친환경적인 주거공간과 RFID/USN을 기반으로 하는 유비쿼터스 컴퓨팅이 결합되어, 보다 높은 편리성과 공간 활용을 제공할 것이다. 이를 위해 기기 간 융합은 물론, 주거공간의 불필요한 부피 차지를 없애기 위해 가구나 벽 같은 건축물과의 기기 융합도 일어날 것이다.

휴대폰으로 가스 밸브를 잠그거나, 문단속, 냉난방 등의 조절을 하는 것은 이미 TV광고 속에서도 흔히 볼 수 있는 일이며, 집안 곳곳에 내장되어 있는 각종 센서는 집안 상황을 비롯해 사용자의 움직임을 감지함으로서, 무엇을 하고자 하는지, 혹은 무엇을 필요로 하는지를 판단해 맞춤 제공하여, 주거공간에서도 편리한 서비스를 누릴 수 있게 한다.

## 7.4 RFID/USN 문제와 개선점

높은 효율성과 응용범위에도 불구하고 RFID/USN는 몇 가지 중대한 문제점들을 가진다. 크게 RFID/USN의 기술적인 한계와 RIFD/USN 기술이 갖는 사회 윤리적 문제로 구분할 수 있다.

우선, ***기술적인 한계 측면***에서 보면, 기업에서 사용하는 대부분의 RFID/USN 애플리케이션은 초기 개발 단계의 것으로, 자주 직면하게 되는 기술적 장애요인이 RFID/USN 애플리케이션 도입에 있어서 중요한 영향을 미친다. 그러나 전문가들 대부분은 이러한 문제 대부분에 대한 해답을 6개월에서 12개월 이내에 찾아낼 수 있다고 한다. 따라서 대부분의 경우, 기술적장애요인은 극복이 가능하며, 기업들이 아래에 논의될 기술적 장애요인의 다양한 원인을 인식하며 이러한 문제를 극복하는데 어느 정도 시일이 걸릴 수 있다는 사실을 인지해야 한다.

*기술 표준의 부재 및 표준의 불확실성은 많은 전문가들이 RFID/USN 도입의 주요 장애요인으로 꼽은 사항이다.* 전문가들은 많은 표준이 개발되고 있지만, RFID/USN 시스템의 일부 구성 요소가

[표 7-4] RFID의 대표적 기술적 문제들

| 원인 | 어려움 |
|---|---|
| 금속 | 금속에 의한 전파 장애 가능성 높음 |
| 액체 | 전파는 물을 통과하기 어려움 |
| 장애물 | 금속, 액체, 사람 등의 장애물이 있을 경우 전파 장애 |
| 안전성 | 전파가 인체에 미치는 영향력 파악 해야 함 |
| 위조, 변조 | 대량생산 공업제품이므로 위조, 복제 등이 가능 |
| 기존 IT 인프라와의 호환 | 체계화된 표준안 제시 시급 |

빠져 있다고 설명하며, 더욱이 특정 산업 부문별 표준은 아직 개발되지 않은 상태라고 언급했다. 게다가 새로운 표준이 개발되어도 기존 표준의 일부를 대체하는 속도에 문제가 있듯이 서로 다르고 때로는 경쟁관계에 있는 표준 기구들 때문에 표준화에 어려움을 겪고 있기도 하다.

두 번째로, *무선 주파수 간섭 문제와 판독 범위 및 판독의 어려움*은 RFID/USN 기술의 고유한 문제이다. 전파 간섭 문제는 금속 환경 또는 액체가 중요한 역할을 하는 산업 부문과 깊은 관계가 있다. 자동차 제조 및 부품 부문, 항공 부문 등이 이에 해당한다. 뿐만 아니라, 액체는 환자들이 RFID 팔찌로 인증 받는 병원 부문에서 중요한 역할을 한다. 판독 범위는 운영 주파수를 비롯해 다양한 요소에 따라 달라진다. 그러므로 RFID 시스템을 선택할 때에는 이러한 요소들을 염두에 두어야 하고 여러 시스템을 테스트 해 보는 것이 중요하다.

세 번째로, *다른 자동 인식 기술에 비해 판독율이 떨어질 경우도 문제이다.* 항상 거의 100%에 이르는 판독률을 기록하기는 힘들다. 판독률이 떨어지는 것은 RFID 태그와 리더 안테나 배열이 부조화를 이루는 경우와 간섭 방지메커니즘에도 불구하고 충돌하거나 노이즈가 발생하는 경우이다. 가용성 문제는 기술 공급자의 생산 역량이 낮고 기성 솔루션이 없다는 데에서 비롯된다. 전자의 경우, 기술 공급자들은 기업들이 대량 주문을 해도 이에 응할 수 없는데, 그 이유는 RFID 시스템이 오래되어 재고로 남는 것을 피하기 위해 생산되는 수가 매우 적을 만큼 RFID 기술 개발의 속도가 중요하기 때문이다. 후자의 경우, 공급 업체 한 곳에서 기성 솔루션을 도입하는 기업들은 거의 없다. 기업에서 RFID 시스템 설치를 결정한다면 잠재적인 탐색 비용을 들여서라도 어떤 업체가 어떤 RFID 시스템 요소를 제공하는지에 관한 심도 깊은 연구를 수행하여야 한다.

네 번째로, *기존 IT 인프라와 RFID/USN 시스템 통합이다.* 기업들은 RFID/USN 시스템과 기존 인프라 사이에 미들웨어가 필요한지에 대해 의문을 가진다. 시장에서 구할 수 있는 미들웨어 시스템은 이러한 요구에 맞추어져 있지 않다. 그 결과 많은 기업들은 초기단계의 응용을 위해 기업 내부적으로 미들웨어 시스템을 개발해야 했다. 기업들이 특정 미들웨어를 사용하기로 결정을 하더라도, RFID/USN 미들웨어의 경우 그 과정이 매우 복잡해 질 수 있다.

마지막은, *기술 전제조건의 결핍*으로, 이는 모든 기업들에게 해당하는 것은 아니다. RFID/USN 시스템 도입의 전제조건을 충족시키지 못한다는 이유로 백앤드 시스템[2] 형태의 IT 인프라를 점검해야 한다면 문제가 복잡해진다. 소비재 및 소매 가치사슬의 기업들에게 있어 전자 데이터정보를 처리하고 운송 통지를 전달 및 접수할 수 있도록 하는 것이 중요하다. 이렇게 하지 않으면 RFID/USN는 공급 망을 최적화시키는 데 아무런 도움이 되지 못할 것이다.

RFID/USN 기술이 갖는 ***사회 윤리적 문제 측면***에서 보면, 현재까지의 RFID/USN 기술의 지배적인 응용분야는 통제 환경이라고 할 수 있다. 또한 앞으로의 기술 활용에 있어서 역시, 모든 환경에서 식별과 감시가 핵심 기능으로 자리 잡을 것은 명확해 보인다. 하지만 이처럼 강력한 통제 기능에 의해 우리는 다음과 같은 심각한 윤리적 문제에 봉착할 수 있음을 주목해야 한다.

- 개인 사생활 침해 : 특정 목적으로 수집된 데이터가 다른 목적으로 수집된 데이터와 서로 연결됨으로써 개인 사생활 침해의 가능성이 있을 수 있다. 톨게이트 자동징수용 삽입 RFID는 교통통제나 범칙금 징수용으로 사용 될 수 있다. 하지만 GPS 데이터를 통해 이를 악용한다면, 차량의 진로방향이나 목적지, 이동경로 등이 파악될 수 있고, 이는 곧 개인의 사생활 침해나 감시로 이어질 수 있다. 더욱이 RFID칩을 삽입하자마자 정보제공 기능이 열려있어 당사자는 무슨 정보를 수집해 가는지도 알 수 없다.
- 데이터보안 : 삽입 RFID는 복제가 가능하여 사기나 절도의 위험이 존재하며, 제 3자가 허가없이 데이터를 수집한다는 것도 문제가 될 수 있다. 또한 혹자는 지문, 초상 등을 공적, 사적 DB[3]에 저장한다는 것에 많은 문제가 있을 거라고 지적한다.
- 감시사회의 도래 : 삽입 RFID는 리더기 접근만으로 개인 의사와는 관계없이 정보가 수집되는

2) 프론트엔드(front-end)/백엔드(back-end) : 프로세스의 처음과 마지막 단계를 가리킨다. 프론트엔드는 사용자로부터 다양한 형태의 입력을 받아 백엔드가 사용할 수 있는 규격을 따라 처리할 책임을 진다.

3) DB(DataBase) : 여러 응용 시스템들의 통합된 정보들을 저장하여 운영할 수 있는 공용 데이터들의 묶음이다.

문제가 있다. 정부가 국가보안이라는 이유로 기술을 강제 적용하여, 국가보안의 본래 목적인 시민의 자유를 침범할 여지가 있으며 누구나 무제한 데이터 마이닝 뿐 아니라 전체주의 국가로부터 감시당하는 것을 원치 않을 것이다.

- 윤리문제 : 인간중심 RFID의 회의론자들은 RFID/USN 기술에 의한 이득에 비해, 프라이버시, 보완, 문화적 변화, 사회 종교적 부정적 이미지 등 불이익이 훨씬 많다고 주장하고 있다.

제품 구매자는 RFID가 포함된 것을 알아야 하고, 사용자에게 삽입, 제거, 파괴할 수 있는 권한이 있어야 한다. 또한 사용자의 요구로 인해 현 서비스를 가입하거나 탈퇴할 수 있는 권한이 있어야 하며, 환자의 보호자가 삽입권이 있는지 규명돼야 한다. 누구에게나 왜, 언제, 어디서 RFID 정보를 읽는지 알 권리가 있다. 하지만 이러한 권리들은 RFID의 은폐성이라는 특징 때문에, 도리어 지켜지기 어려운 문제들이다.

다음은 RFID/USN의 개인정보 침해 사례를 살펴보자.

- Mexico 생체 칩 : 〈그림 7-5〉는 멕시코 법무장관 몸에 이식된 베리칩[4]의 모양으로 베리칩은 피부 아래에 이식돼 개인 병력 및 신원정보에 이르는 여러 가지 정보를 담는데 사용되었다. 이는 위치추적을 통한 개인 통제 및 개인정보의 외부 유출로 인해 사생활 침해 가능성 논란이 되었다.

- Smart dust : 초소형 센서 장치로 사방 1㎣ 또는 더 작은 크기의 실리콘 모트(silicon mote · 티끌) 안에 자율적인 센싱과 통신 플랫폼을 갖춘 컴퓨팅 시스템이다. 칩 하나에 시스템이 담긴 시스템 온 칩[5](SoC : System on Chip)의 일종으로 시각을 달리하면 극소형 로봇인 '밀리

---

4) 베리칩(Verichip) : 미국의 어플라이드 디지털 솔루션스(www.adsx.com)가 선보인 컴퓨터 칩이다. 길이 12mm, 너비 2.1mm로 크기가 쌀 한톨만 해서 보통 주사기 사용해 간단히 팔의 피부 밑에 이식할 수 있다. 베리칩은 실리콘 메모리와 무선 송수신 장치로 구성돼 있으며, 스캐너로 칩 안에 저장된 정보를 판독해 외부로 전송할 수 있다. 칩의 삽입 비용은 200달러선이며 수명은 20년 정도로서 칩을 이식한 사람의 신원과 질병 이력에 관한 자료가 담겨 있다. 따라서 응급상황, 이를테면 환자가 의식을 잃은 경우 의사들은 베리칩에 저장된 정보를 읽어내서 환자의 이름, 전화번호, 질병 기록 따위를 신속하게 파악할 수 있다.

5) 시스템 온 칩(Soc : System-on-a-chip) : 하나의 집적회로에 집적된 컴퓨터나 전자 시스템 부품을 가리킨다. 디지털 신호, 아날로그 신호, 혼성 신호와 RF 기능 등이 단일 칩에 구현되어 있다. 일반적으로 임베디드 시스템 영역에 주로 사용된다.

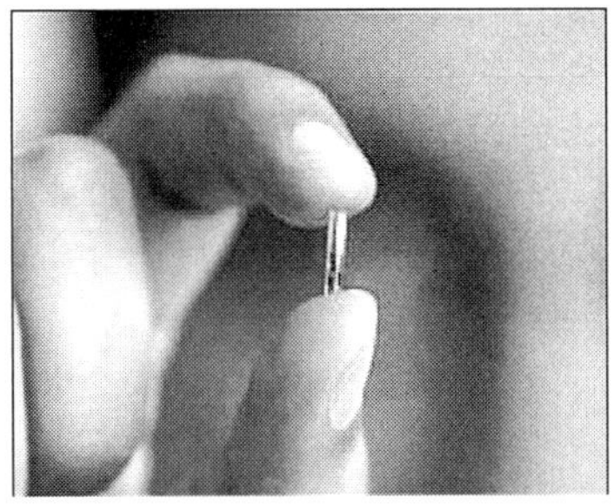

〈그림 7-5〉 베리칩

〈그림 7-6〉 Smart Dust

(㎜) 봇(bot)' 또는 유틸리티 포그(utility fog)와 같은 '나노(nm · 10억분의1m) 봇(bot)'으로도 진화할 수 있다. 그만큼 기술이 한창 개발 중이고 발전 가능성과 쓰임새도 무궁무진하다. 하지만, 특수한 목적이 아닌 일반인을 대상으로 정부 또는 범죄 집단에 의해 사용될 경우 프라이버시 침해 논란이 생길 수 있다(〈그림 7-6〉).

- 서울 지하철 : 2004년 6월초 서울지하철공사는 역사 공익근무요원에게 근무실태 점검용 전자칩을 목에 걸고 근무하도록 지시했는데, 이는 인권침해의 논란이 되었다(〈그림 7-7〉).

우리사회는 정보통신기술의 급속한 발달과 디지털 기기 간의 융합에 힘입어, 유비쿼터스시대로의 진전을 이루고 있다. 자율적인 정보의 유통이 가능한 기기와, 사물들을 통한 실시간 정보 분석과 이를 바탕으로 한 각종 서비스가 이루어질 전망이며, 그 핵심 인프라가 바로 RFID/USN이다.

하지만 RFID 태그가 부착된 모든 기기 및 사물을 통해 정보가 수집, 처리 되는 과정에서 중요한

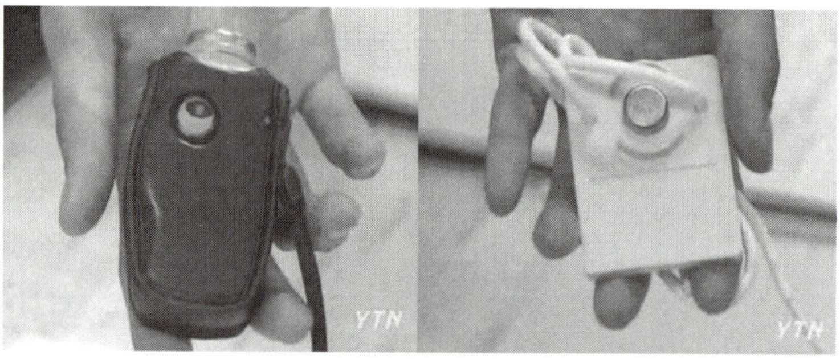


〈그림 7-7〉 서울 지하철에서 사용된 전자 칩

개인 정보가 유출되거나 과다 수집 및 관리 미흡 등으로 인하여 프라이버시 침해 문제를 일으킬 수 있는 소지가 있다. 이처럼 개인 사생활 보호나 보안 및 해킹에 대한 네트워크의 안전성 확보와 같은 정보보호 및 관리 문제는, RFID/USN 활성화를 위한 중요한 변수이자 난제라고도 할 수 있다. 따라서 이를 위한 방안 수립이 절실하다. RFID/USN의 경우 산업기술보다는 국가의 정보 통신망 인프라 구축 기술로 보는 관점이 더욱 타당하다고 생각되며, 따라서 범국가 차원의 RFID/USN 정보보호 방안 마련이 필요하다.

RFID/USN의 가장 핵심적인 문제는 *개인 프라이버시 침해*와 *데이터 보완* 등의 윤리성에 관한 부분일 것이다. 이러한 윤리적 문제해결 등을 위해 기술적으로만 접근을 하게 되면, 암호화 기술 추가에 대한 비용증가와 처리속도감소 등의 어려움은 물론, 그 한계에 부딪히게 될 것이다. 따라서 RFID에 대한 해결책은 자체 검열 과정, 정책 가이드라인, 기술적 솔루션과 함께 교육을 통한 시스템에 대한 지식 전달을 통해 이루어져야 한다. 무엇보다 규제와 혁신 사이의 조화가 필요하다. 개인정보와 사생활은 보호하되 이용자의 편리함은 높일 수 있도록 기술과 정책개발이 이루어져야 한다. 그리고 프라이버시 및 보안과 관련된 정책은 RFID/USN 시스템이 광범위하게 구축되어 사용되기 전에 마련되어야 한다. 기술이 널리 쓰이고 피해가 발생한 다음 정책을 만드는 것은 예방차원에서 마련한 정책보다 실효를 거두기 어렵기 때문이다.

RFID 및 USN을 기반으로 하는 유비쿼터스 사회는, 곧 우리의 실생활을 바탕으로 하고 있다. 제3의 혁명으로 불리며 정보화 시대를 이끌었던 인터넷 기반 서비스는 인터넷 이용자를 대상으로 제공되어왔기 때문에 이를 이용하지 않거나, 못하는 사람들을 소외시키기도 했다. 반면 RFID/USN은 모든 주위 환경을 대상으로 하기 때문에, 시장에서 물건을 사고파는 행위에서부터 우리가 참여하는 모든 행위가 그 대상이라고 할 수 있다.

하지만 IT기술의 편리함이 부른 역기능이 존재하듯이 RFID/USN을 기반으로 하는 유비쿼터스 사회 역시 문제가 발생할 수 있다. 더욱이 과거에는 정보보호에 대한 국민적 인식이 매우 낮았지만, 지금은 누구라도 사생활 침해의 심각성을 인식하고 있어, 정보보호에 대한 적절한 대안이나 조치 없는 기술은, 문제점을 드러내기도 전에 아예 이용되지도 않을 수 있다. 따라서 미래의 진보된 사회를 꿈꾸며 등장한 유비쿼터스 사회와 이를 실현하기 위한 RFID/USN 기술은 그 효용성만큼이나, 역기능에 대한 대비와, 충분한 사회적 합의 및 조율 과정을 거치면서 진행되어야 할 것이다.

CHAPTER 08

# 유비쿼터스 스마트워크

# CHAPTER 08 유비쿼터스 스마트워크

영상회의 등 정보통신기술을 이용해 시간과 장소의 제약 없이 업무를 수행하는 유연한 근무 형태를 의미하는 스마트워크의 현황과 기술 그리고 해외사례에 대해서 알아본다. 또한 정부입장에서 스마트워크 정책을 어떻게 고려하고 있는지 살펴본다.

## 8.1 스마트워크의 현황

### 8.1.1 국가 생산성 현안 해결, 미래 경쟁력 강화

*스마트워크(Smartwork)*[1]*란 영상회의 등 정보통신기술을 이용해 시간과 장소의 제약 없이 업무를 수행하는 유연한 근무 형태를 의미한다.* 일부 대기업을 중심으로 도입되기 시작한 '모바일 오피스' 바람이 국가 차원의 스마트워크 전략으로 확대되고 있는 하나의 사례이다.

모바일 오피스 바람이 확산되고 있지만 아직은 대기업과 공공기관 중심으로 진행되고 있는 사회 일부의 현상일 뿐이다. 이에 따라 정부는 중소기업과 공공기관, 공직사회에도 정보기술을 활용한 선진 업무 방식 도입이 필요하다고 판단해 2010년 7월 '스마트워크 활성화 전략'을 발표했다.

또한, 도시철도공사와 현대중공업 등 대기업 공공 부문이 효율성 제고 등을 목적으로 도입하기 시작한 모바일 오피스가 이제는 일자리 창출과 녹색성장 등 우리 사회의 당면 현안을 해결할 솔루

1) 스마트워크(Smartwork) : 종래의 사무실 개념을 탈피하여, 언제 어디서나(Anytime, Anywhere) 편리하게 효율적으로 업무에 종사할 수 있도록 하는 미래지향적인 업무환경으로서 과거의 하드워크(Hard Work)와 대비된다. 스마트워크는 집에서 업무를 보는 재택근무, 휴대 기기를 활용하여 외부에서 일하는 모바일 오피스, 그리고 집이나 업무 현장과 가까운 곳에 위치한 스마트 워크플레이스(Smart Workplace, SWP)의 세 가지 새로운 업무 형태를 포괄하는 개념이다.

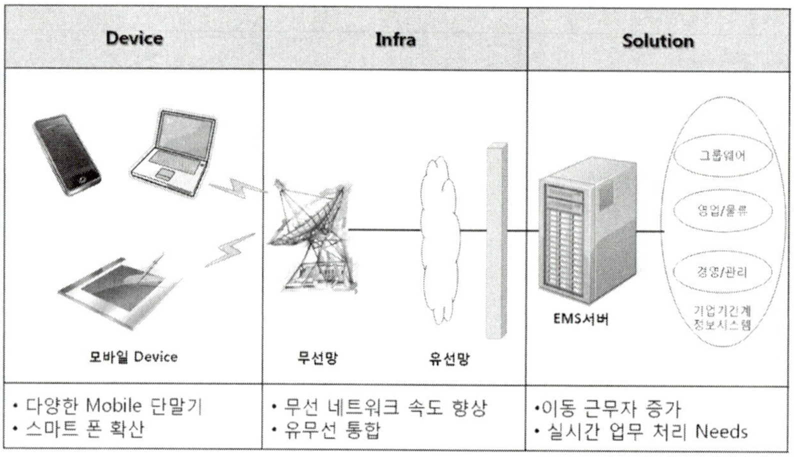


〈그림 8-1〉 이동사무실 업무 흐름도

션으로 부상한 것이다. 이처럼 시공간의 제약 없이 일하는 스마트워크 인력을 2015년까지 전체 노동인구의 30%까지 확대 한다는 것이 정부의 구상이다.

최근 스마트폰 보급이 활성화되면서 기업들은 PC대신 스마트폰 등 무선단말을 통해 집이나 사무실은 물론 이동 중에도 업무를 처리할 수 있는 모바일 오피스 도입에 경쟁적으로 나서고 있다. 금융, 조선, 철도 등 기업별 업무 환경에 맞는 솔루션을 스마트폰에서 구현할 수 있고 지속적인 업그레이드도 가능해지면서 운영비 절감과 생산성 향상을 도모할 수 있다는 판단에서다.

### 8.1.2 스마트워크의 발전 역사

스마트워크 발전사는 화이트칼라 생산성혁신과 국가사무생산성 증대를 위하여 1986년도 8월 한국생산성본부(KPC)에 OA추진사무국을 두게 된다. 국가 생산성운동은 공업발전법 16조 생산성증대에 관한 법에 근거를 두고 사무생산성 증가를 위한 의식개혁운동을 전개하였다. 이 시기에 해외에서도 전개되었는데 대표적으로 IBM의 OS(Office System)운동으로 시스템화운동이었다. IBM시스템화는 결국 MIS(경영정보시스템)으로 발전하였다. 국내는 일본의 영향으로 OA(Office Automation)라는 용어로 공장자동화에 대응한 사무생산성운동을 전개하게 되었다. 타이피스트 직접하기, 1개과 1PC에서 1인 1PC운동이 전개되었다. 복사기 직접사용하기, 결재문서 2매 Better-1매 Best운동과 아울러 사무실을 깨끗이 사용하는 사무환경운동으로 전개 되었었다. 그리고 1990년대 중반에 사무혁신운동으로서 조직혁신운동으로 변천하여 사무품질운동으로 전개되면서 사무생산성운동은 그동안 주춤하였었다. 왜냐하면 인터넷의 발달도 커뮤니케이션의 증대가 사무생산성을 증대시켰기 때문이다. 그러나 최근에는 복잡해진 IT기술혁신에 의한 인터넷과 모바일 환경으로 바뀌면서 클라우드 기반 스마트 ERP, 스마트오피스(원격근무, 원격회의[2]))로 전개되고 있다.

## 8.2 스마트워크의 정의

### 8.2.1 원격근무와 그린 IT

국립국어원과 한국방송(KBS)은 '모두가 함께 하는 우리말 다듬기(말터, www.malteo.net)' 누리집을 통해 '스마트워크'를 다듬은 우리말로 '원격 근무'로 최종 정의하였다. *'스마트워크'는 '정보통신기술을 이용해 시간과 장소의 제약 없이 업무를 수행하는 유연한 근무형태'라고 정의한다.* 직장인들의 분주했던 출퇴근길 풍경이 앞으로는 달라질 전망이다. 사무실에 출근하지 않고도 언제 어디서나 일할 수 있는 '원격 근무'가 가능해지기 때문이다. '원격근무'는 재택근무를 비롯하여 스마트폰을 이용한 이동 근무와 원격 근무센터에서 일하는 것을 포괄하는 개념이다.

앞으로 원격근무가 보편화되면 우리 일상생활에 적지 않은 변화가 생길 것이다. 사무직 860만 명

[표 8-1] 스마트워크의 주요 유형

| 구분 | 근무형태 |
|---|---|
| 재택근무 | 자택에서 본사 정보통신망에 접속하여 업무 수행 |
| 스마트워크 센터 근무 | 자택 인근 원격사무실에 출근하여 업무 수행 |
| 이동근무 | 스마트폰 등을 이용하여 현장에서 업무 수행 |

2) 원격회의 : 여러 명의 의사결정자가 두 개 혹은 세 개 이상의 의사결정실을 연결하여 의사결정을 하는 방식이다. 따라서 다수의 의사결정자가 한 장소에 일부러 모여서 의사결정을 하는 것보다 비용과 시간을 절약할 수 있다.

[표 8-2] 유연근무제의 형태와 내용(삼성경제연구소, '창조경영과 유연근무제', 2009)

| No. | 유연 근무제 형태 | 내용 |
|---|---|---|
| 1 | 자율 출근제(Flexible Time) | 회사에서 규정한 일정 범위 내에서 근무시작 시간을 선택하는 것 |
| 2 | 재택근무(Home Office)및 모바일 오피스(Mobile Office) | 컴퓨터 등 통신수단을 사용하여 자택 등 회사가 아닌 곳에서 근무하는 것 |
| 3 | 집중근무제 (Compressed Workweeks) | 10시간씩 4일 근무 혹은 총 근무시간을 지킨다는 전제하에 1주일 5일 이하 또는 2주일에 10일 이하로 근무하는 것 |
| 4 | 파트-타임제 (Part-time for Return) | 풀타임 복귀를 전제로 정상적인 근무가 어려울 때 1주일 40시간미만 단축 근무 |
| 5 | 장기휴가제(안식년, 안식월등) | 일정 근무기간이 경과하면 진학, 여행, 자기계발을 위한 장기 휴가부여 |

이 스마트워크에 참여할 경우 연간 111만 톤의 탄소배출량이 감소하고 1조 6천억 원의 교통비용이 감소될 것으로 정부는 내다봤다. 게다가 1인당 노동시간이 경제협력개발기구(OECD) 평균보다 1.3배 길고, 일과 육아의 병행이 어려워 상당수의 우수 여성인력이 사장되고 있는 상황에 비추어 볼 때 일자리 창출과 업무 효율성을 높이는데 크게 기여할 것이다.

앞으로 우리 근무 현실이 변화하기 위해서는 기업의 인식 전환과 대면중심의 조직 문화 개선을 바탕으로 원격근무에 적합한 조직 및 인사제도 혁신, 보안 문제 해결 등이 보완해야 할 과제로 남아 있다.

## 8.3 스마트오피스

### 8.3.1 모바일 오피스

요즘 신문을 보면 정부의 스마트워크 관련 정책들이 가시화되면서 스마트워크 환경 구축을 위한 움직임이 적극적으로 일어나고 있는 것을 감지할 수 있다. 국내에서 회자되는 스마트워크 환경 구축 사례들은 대부분 Mobile기기들과의 연동성 또는 재택근무 환경 등의 범위에 초점을 맞추고 있는 점이 흥미롭다. 아쉬운 점은 스마트워크의 일부분인 스마트오피스를 넘어서는 움직임은 크게 보이지 않고 있어 보인다. 물론, 네트워크의 고도화와 모바일 기기들의 진화로 가능해지는 언제 어디서나 사무실과 동일한 업무환경으로 일할 수 있는 환경은 분명 보다 합리적이고 스마트한 업무를 처리하기 위한 중요한 요소임에는 틀림없다. 스마트워크를 위한 비즈니스 환경의 완성도를 높이는 데는 여전히 많은 과제가 남아있단 생각이다. 조직이나 기업이 갖고 있는 문제점은 스마트워크를 위한 가능성으로 해석될 수 있으며 IT기술은 이미 그 가능성을 현실로 구현할 수 있을 만큼 진보되어 있기 때문이다.

IBM 기업가치 연구소가 내놓은 '업무 처리의 새로운 방식(A new way of working)'이란 보고서에서 스마트워크의 미래와 진보의 가능성을 볼 수 있다. 스마트워크를 위한 기회영역에 대한 힌트를 얻을 수 있는 보고서의 일부이다.

보고서에 따르면 특히, 무엇보다 아직까지 스마트한 업무 환경을 위해 비즈니스 프로세스를 보다 합리화하고 자동화하는 면에서의 수준은 다른 역량에 비해 간과되고 있다. 이에, 요즘 말하는 '스마트워크'의 개념이 '스마트 오피스'의 범주를 뛰어 넘지 못하고 있는 듯 한 느낌이 든다.

"업무"는 이제 더 이상 동료의 근접성 또는 시간대에 얽매이지 않고 있다. "업무 수행자"의 범위도 훨씬 넓어져 이제는 직원, 공급업체, 제휴사뿐만 아니라 고객과 프리랜서, 그리고 갈수록 역량이 커져가는 스마트 기기 및 상호 접속 시스템으로 구성된 네트워크에 이르기까지 확대되고 있으며 다양한 조직과 시간, 거리를 아우르는 비즈니스 프로세스로 한데 묶여있다. 지속적인 연구와 세계 여러 다양한 규모의 기업들과의 관계를 바탕으로 우리는 더욱 역동적이고 협력적이며 상호 연결된 방식으로 업무를 완수하는 접근방식으로 시행되는 것을 스마트한 업무 관행이라 정의한다.

### 8.3.2 스마트하게 업무를 처리하는 방법

전 세계 고객사와의 교류를 통해, 기업의 기민성을 높여주는 여러 관행을 목격하면, 업무처리를 위한 이러한 새로운 접근 방식은 크게 세 가지 범주로 분류된다.

1) 역동성 - 비즈니스 요건 변화에 신속히 적응하는 능력

2) 협력성 - 조직 내외부의 자원을 모아 통찰력을 공유하고 문제를 해결하는 능력

3) 연결성 -시간, 거리 또는 조직적 경계에 관계없이 정보에 접근할 수 있는 능력

[표 8-3] 업무처리의 새로운 방식(A new way of working)(보고서-IBM기업가치 연구소)

| | 사람 | 프로세스 | 정보 |
|---|---|---|---|
| 역동성 | • 당면 요건 및 상황을 처리할 수 있는 인력과 기술 역량을 쉽게 찾아내어 배치<br>• 여러 분야의 기술 역량을 신속히 결합하여 오늘날 비즈니스의 역동성에 대응 | • 비즈니스 상황 변화를 반영하여 자동으로 프로세스 재구성<br>• 비즈니스 프로세스를 관장하는 규칙을 프로세스 책임자가 담당, 관리하는 메커니즘 구축 | • 다양한 수용층의 요구를 충족하는 정보의 전달 및 제시<br>• 다양한 상황에서 적절한 정보를 자동으로 파악 |
| 협력성 | • 조직 내 토론을 활성화시켜 통찰력을 이끌어내고 생산성 향상을 촉진<br>• 비즈니스 경계 외부 사람들의 도움을 수렴 | • 주요 관계자들이 프로세스 문서자료를 쉽게 조회하고 이해할 수 있는 환경 조성<br>• 비즈니스 프로세스 내에 협업 기능을 도입하여 의사결정의 속도와 질 향상 | • 개별 주체들이 정보에 의견을 제시하고 가치를 평가할 수 있는 환경 조성 |
| 연결성 | • 위치, 시간 또는 장치에 얽매이지 않는 생산적 업무 환경 구축 | • 조직적 경계를 넘어 원활히 기존 활동을 서로 연결하고 새로운 활동을 창출하여 더욱 효과적으로 과제 완수 | • 사람 또는 기술을 통해 발생한 실시간 정보를 포착 및 활용<br>• 여러 소스의 데이터 통합 |

### 8.3.3 업무 처리방식의 세 가지 큰 차이점

스마트한 업무 처리 관행 중 단기적으로 가장 우선시하는 관행은 무엇인지, 해당 분야에서 자사의 현재 역량 수준에 대한 평가를 요청하였다. *사람을 중심으로 하는 관행 중*, 중역들은 전통적인 경계를 벗어나 신속한 기술 역량 구축과 협업 수행에 대한 필요성을 가장 강하게 느꼈는데, 흥미롭게도 이들은 또 이 두 영역의 역량 수준이 가장 낮다고 했다. *정보 관련 역량 측면*에서는 데이터 소스를 통합하고 실시간 정보를 활용하여 의사 결정에 반영하는 것이 중역들의 최우선 관심사였다. 이들은 최근 폭증하는 정보로부터 적절한 통찰력을 이끌어내는 작업의 필요성과 어려움이 모두 두드러지고 있다.

*프로세스의 관점*에서는 요건 변화에 따라 비즈니스 프로세스를 자동으로 재구성하는 능력에 가장 높은 가치가 부여되었다. 그러나 유감스럽게도 이 부문은 현재 해당 조직의 역량 수준이 가장 낮다

는 평가를 받았다. 프로세스 우선 순위 목록에서 두 번째를 차지한 것은 특정 프로세스 내에서 협업 수준을 향상시키는 것이었다. 중역들이 꼽은 최우선 과제와 각 기업의 현재 역량 수준을 비교 검토한 결과, 필요와 현실 사이에 크게 세 가지 간극이 발견되었다.

1) 프로세스와 스킬과의 신속한 재구성

2) 광범위한 협업 문화 정착

3) 의사 결정에 통합적인 실시간 정보 반영

비즈니스 프로세스는 유연성을 제한하는 방식으로는 더 이상 설계될 수 없다. 비즈니스 프로세스는 주변 환경 및 요건의 변화를 감지하여 대안을 분석하고 작업자가 업무 처리방식을 변경할 수 있도록 충분한 지능성을 갖춰야 한다. 또한, 프로세스 상에서 필요 시 다른 부서의 전문 지식, 비즈니스 파트너의 능력, 조직 내외의 다양한 정보 소스 등 추가 자원을 쉽게 활용할 수 있어야 한다. 예를 들어 주변 여건의 변화에 따라 공급망을 재구성할 수 있는 경우 제조업체에서 누릴 수 있는 혜택에는 어떤 것이 있는지 알아야 한다. 공급에 잠재적 문제가 감지되면, 이 회사의 시스템은 다른 지역의 대체 공급업체들을 자동으로 파악해서 비용, 시간, 고객에 미치는 영향 등 다양한 요소에 입각하여 해결 방안을 제안하여야 한다. 각 구성요소를 개별적으로 조달 할 것인지 아니면 미리 조립된 부분 시스템 형태로 조달할 것인지도 이 분석을 통하여 합리적인 의사 결정을 내릴 수 있다.

## 8.4 스마트워크 기술

### 8.4.1 스마트워크 기술 적용

일반적으로 기업이나 정부의 기관에서 전산기반으로 업무를 수행하기 위해서는 전사적인 전산 시스템을 구축해야 한다. 이는 서버 및 네트워크 구축, PC, 프린터 등 하드웨어와 OS, Application Program, Groupware, ERP등 소프트웨어로 구성되어 있다. 원격근무자가 원격근무를 위해서는 〈그림 8-2〉와 같이 사무실에 구축된 하드웨어와 원격업무 수행에 필수적으로 필요한 소프트웨어 그리고 초고속통신망이 요구된다.

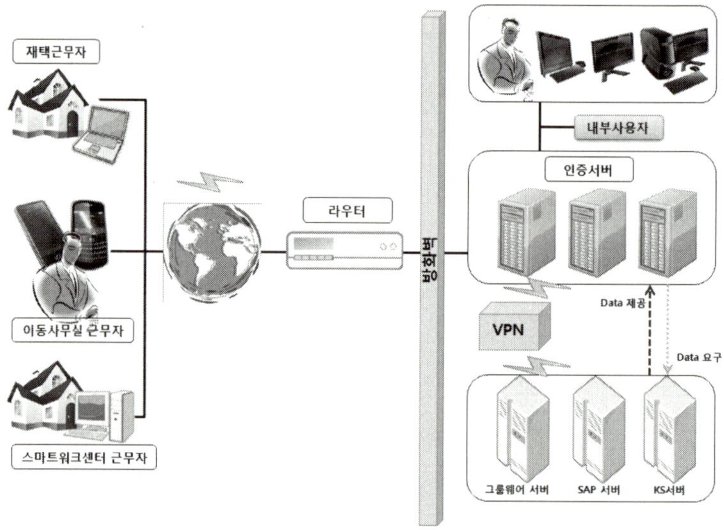


〈그림 8-2〉 스마트워크 구성도

## 8.4.2 원격근무용 적용 소프트웨어

미국 등 선진국을 중심으로 2000년도 이전에는 이 기술이 전자결재 솔루션, 전자 메신저 솔루션, 파일 공유 솔루션, 프로젝트 협업관리 솔루션으로 각각 분리되어 기술이 개발되고 시장도 별도로 형성되었다. 2005년 이후에는 원격근무에 필요한 기술을 하나로 통합화해 달라는 사용자의 요구에 따라 '커뮤니케이션 기술'과 '보안관리 기술' 및 시스템을 유지 및 관리하는 '시스템관리 기술'로 발전하고 있다.

### ① 커뮤니케이션 기술 부문

이 기술을 세부적으로 분류하면, 언제 어디서나 처리가 가능한 전자결재 기술, 부서 간 혹은 개인 간 소통 도구인 메신저 기술, 개인 및 조직의 통합적 일정 관리 기술, 내부 및 외부 인원 정보의 통합 명함 관리 기술, 마지막으로 기타 게시판, 설문조사 및 CMS(Call Manager System) 등의 부가기술로 나눌 수 있다(〈그림 8-3〉).

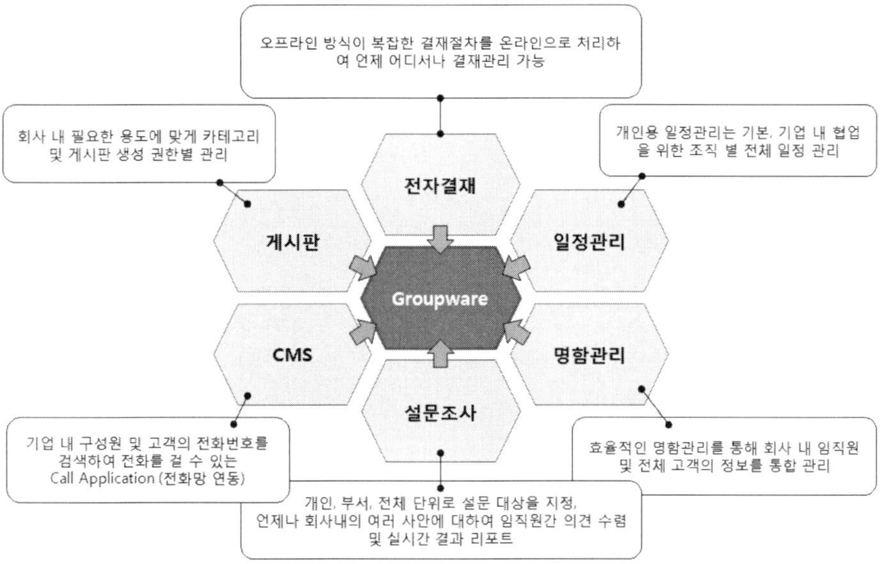


〈그림 8-3〉 원격근무 커뮤니케이션 구성도

### ② 보안관리 기술

안철수연구소(V3)(〈그림 8-4〉), 하우리(바이로봇), 잉카인터넷(엔프로텍트), 에스지알아이(바이러스 체이서), 이스트소프트(알약)의 바이러스 백신 솔루션 등이 개발되어 공급되고 있고, 침입탐지 솔루션 외 기타 소프트웨어적 보안 기술은 이미 거의 모든 사용자들에게 보급되었다.

해외 시장은 토탈 보안솔루션업체인 미국의 시만텍의 Norton Anti-Virus(〈그림 8-5〉)와 유럽의 Kasperskylab의 Kaspersky Anti-Virus 등이 거의 모든 PC사용자들에게 공급하고 있어, 개도국을 제외하고는 해외 시장의 성장성은 매우 낮은 편이다.

국내는 거의 모든 사용자가 구매, 무상 제공과 불법으로 사용하고 있어 추가 공급 여력은 많지 않으나, 불법소프트웨어 단속 등 법적인 조치를 취할 경우 추가 시장이 열릴 가능성이 있다. 또한 외부에서 업무를 수행하기 때문에 데이터 암호화 및 저작권 관리 기술(DRM : Digital Right Management)[3]의 접목이 필수적이다.

---

3) 디지털 권리 관리(DRM : Digital rights management) : 출판자 또는 저작권자가 그들이 배포한 디지털 자료나 하드웨어의 사용을 제어하고 이를 의도한 용도로만 사용하도록 제한하는 데 사용되는 모든 기술들을 지칭하는 용어다.

〈그림 8-4〉 http://www.ahnlab.com/kr/site/main/main.do

〈그림 8-5〉 http://us.norton.com/antivirus

2000년 이후 국내에는 파수닷컴(〈그림 8-6〉), 마크애니, 소프트캠프 등이 기술을 개발하여 대기업 및 정부기관에 공급하여 왔다. 이 솔루션 역시 2008년 이후 성장이 정체되어 있는 상황이다. 원격

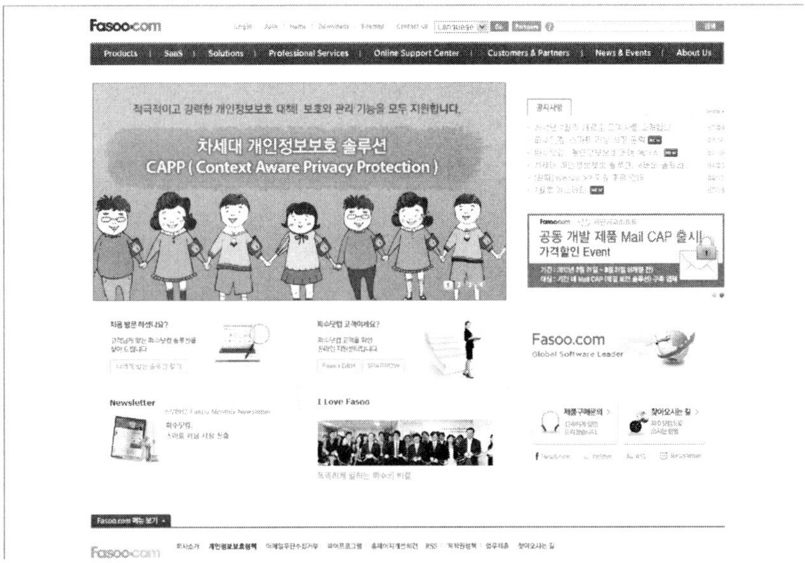


〈그림 8-6〉 파수닷컴(http://www.fasoo.com/index.asp)

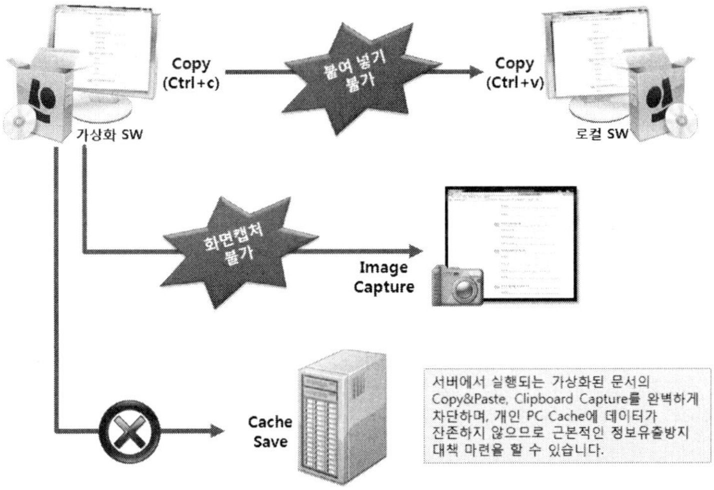


〈그림 8-7〉 가상오피스 보안관리 체계도

근무는 물리적으로 조직의 외부에서 업무를 수행하기 때문에 철저한 보안관리가 필요하다. 현재, 이 부문에서 기술적으로 이미 IT선진국의 기술과 대등하게 경쟁하고 있고 계속적으로 기술적인 진화를 하고 있어 마찬가지로 가상오피스와 접목하여 새로운 시장을 창출 가능하다. 향후 가상오피스에 사

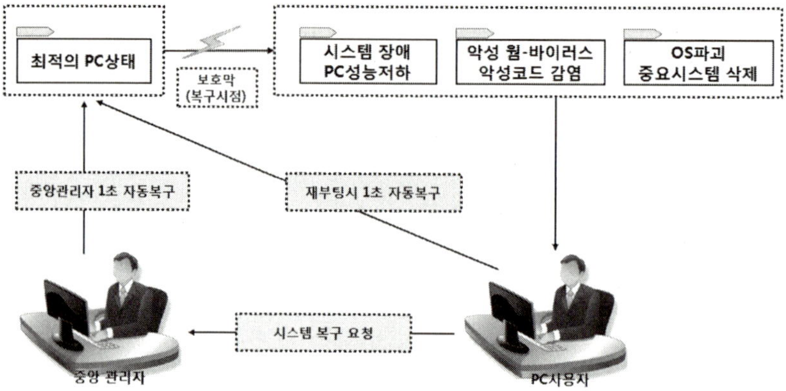


〈그림 8-8〉 가상오피스 전산시스템 유지보수 체계도

용될 보안기술은 세부 기술적으로 보면 개인별 그룹별로 로그인 제한 여부, 접근 가능한 시간, 입출력 기기 허용 및 사용가능한 소프트웨어를 설정할 수 있어야 하고, 세부적으로는 아래의 기능과 특징을 가져야 한다.

첫째, 중요IT자원을 중앙에서 집중 관리해야 한다.

둘째, 가상화(Virtualization)를 통해 완벽한 보안을 유지해야 한다.

셋째, 중요 자료의 외부 유출을 원천적으로 차단할 수 있어야 한다.

넷째, 사용자별, 그룹별, 장소별 등 다양한 보안정책의 설정이 가능해야한다.

다섯째, 강력한 보안 기능으로 비인가자에 대한 접근을 원천적으로 차단해야 한다.

### ③ 시스템 및 데이터 재해복구 기술

원격근무는 모든 업무가 원격지에서 이루어지기 때문에 무엇보다도 원격지 사용자의 전산시스템의 100% 가동율이 필요하고, 논리적인 장애나 물리적인 문제로 인하여 이 시스템이 멈추었을 경우 대단히 큰 손실이 발생하고, 이에 대한 책임소재에 대해 분쟁이 발생할 가능성이 매우 크다. 이를 위해 국내 기술에 의해 개발된 즉시 복구 기술을 적용하여 장애가 발생한 전산 시스템이 원격 관리자 혹은 사용자 본인이 즉시 복구할 수 있도록 유지보수시스템의 고도화가 필수적이다. 시스템 복구 기술은 2가지로 대별되는데, 그 하나는 *이미지 방식*이고 나머지 하나는 *즉시 복구 방식*이다. *이미지 복구 방식*은 1990년대 중반부터 국내외에서 활발하게 개발되었으나, 미국의 시만텍사의 이미

〈그림 8-9〉 http://clonix.co.kr/kr/

지 복구 방식 제품인 "시만텍 고스트(Ghost)"[4)]가 거의 무상 수준으로 세계 시장에 유포되어 관련 국내외의 개발사들의 개발이 중단되어 관련 기술의 지전이 없는 상태다.

현재 국내외의 대표적인 국내 유통 제품은 미국 시만텍사의 고스트(Ghost), 미국 아크로니스사의 트루 이미지(True Image) 등으로 제품의 편의성, 안정성, 다양성, 및 공급 실적의 우위로 국내외의 대부분의 시장을 장악하고 있다. 국내 제품으로는 2006년에 개발한 클로닉스사의 WinClon(〈그림 8-9〉) 및 애니소프트사의 OSKeeper 등이 국내 시장의 점유율을 높여 나가고 있다.

다음에 *즉시 복구 방식(SW Instant Recovery Platform)*의 기술은 바이러스 공격 혹은 사용자의 조작 실수로 PC시스템이 부팅이 안될 경우 이를 몇 초 이내에 원상태로 복구 해주는 기술로서, 대만, 한국과 중국 등 3국의 제품이 전세계 시장의 90% 이상을 장악하고 있다.

먼저 한국에서는 대표적으로 솔루세움의 마에스트로(Maestro)(〈그림 8-10〉), 새늘의 하드보안관(HDD Sheriff)이 있고, 대만에서는 Lantern사 및 Wasay사가 있고, 중국은 대표적으로 Golden Soft사의 Recovery Genius가 있다.

4) 시만텍 고스트(Symantec Ghost) : 시만텍 사의 개인용 컴퓨터 백업 및 복원 및 디스크 복제 기능을 제공하는 소프트웨어이다.

〈그림 8-10〉 http://www.solusseum.co.kr/

### ④ 시스템관리 기술군

시스템관리 기술군은 이동 중에 업무 수행 시 필요한 시스템과 데이터를 관리하는 솔루션을 말하며, SMS(Smartphone Management System) 솔루션, PMS(Patch Management System) 솔루션, 데이터 백업 솔루션, 시스템복구관리 솔루션 및 화상회의 솔루션 등이 있다.

## 8.4.3 진화하는 원격근무 기술 : '클라우드 컴퓨팅 기술'

*'클라우드 컴퓨팅[5]'이란 인터넷 기반(Cloud)의 컴퓨팅(Computing) 기술을 의미*하는 것으로서, 사용자들은 지원하는 기술 인프라스트럭처에 대한 전문 지식이 없어도 또는 제어할 줄 몰라도 인터넷으로부터 서비스를 이용할 수 있다. IEEE에서는 *"정보가 인터넷 상의 서버에 영구적으로 저장되고 데스크톱이나 테이블 컴퓨터, 노트북, 벽걸이 컴퓨터, 휴대용 기기 등과 같은 클라이언트에는 일시적으로 보관되는 패러다임이다."라고 의미한다.*

5) 클라우드 컴퓨팅(cloud computing) : 인터넷 상의 유틸리티 데이터 서버에 프로그램을 두고 그때그때 컴퓨터나 휴대폰 등에 불러와서 사용하는 웹에 기반 한 소프트웨어 서비스이다.

〈그림 8-11〉 화상회의시스템 구성도

PC, 스마트폰 등 각각의 기기에서 가동되던 어플리케이션 소프트웨어와 데이터가 서로 광범위하게 배열되는 '클라우드 컴퓨팅' 기술이 가상오피스에 적용되는 추세다. 일반적인 클라우드 컴퓨팅에서 소프트웨어와 데이터는 서버에 저장된다. 클라우드 컴퓨팅은 Web 2.0 SaaS(software as a service)[6]와 같이 최근 잘 알려진 기술 경향들과 연관성을 가지는 일반화된 개념이다. 이들 개념들의 공통점은 사용자들의 컴퓨팅 요구를 만족시키기 위해 인터넷을 이용한다는 사실이다.

클라우드 컴퓨팅이 도입될 경우 〈그림 8-12〉과 같이 사용자단에서는 인프라 장비를 이용하여 모든 운영관리 자원, 보안관리 자원, 시스템관리 어플리케이션을 중앙 서버에 접속하여 스트리밍하여 사용하기 때문에 사용자는 인프라 장비 외에는 소프트웨어적으로 별도로 관리할 사항이 없어 매우 편리하고 보안성이 높은 장점이 있다.

*스마트워크란 영상회의 등 정보통신기술을 이용 해 시간과 장소의 제약 없이 업무를 수행하는 유연한 근무 형태를 가리킨다. 자택에서 본사 정보통신망에 접속해 업무를 수행하는 재택근무와 자택 인근 원격사무실로 출근하는 스마트워크센터 근무, 스마트폰 등을 이용해 현장에서 업무를 수행하는 이동근무 등이 모두 스마트워크에 속한다.*

---

6) SaaS(Software as a Service) : "on-demand software"로도 불리며, 소프트웨어 및 관련 데이터는 중앙에 호스팅되고 사용자는 웹 브라우저 등의 클라이언트를 통해 접속하는 형태의 소프트웨어 전달 모델이다.

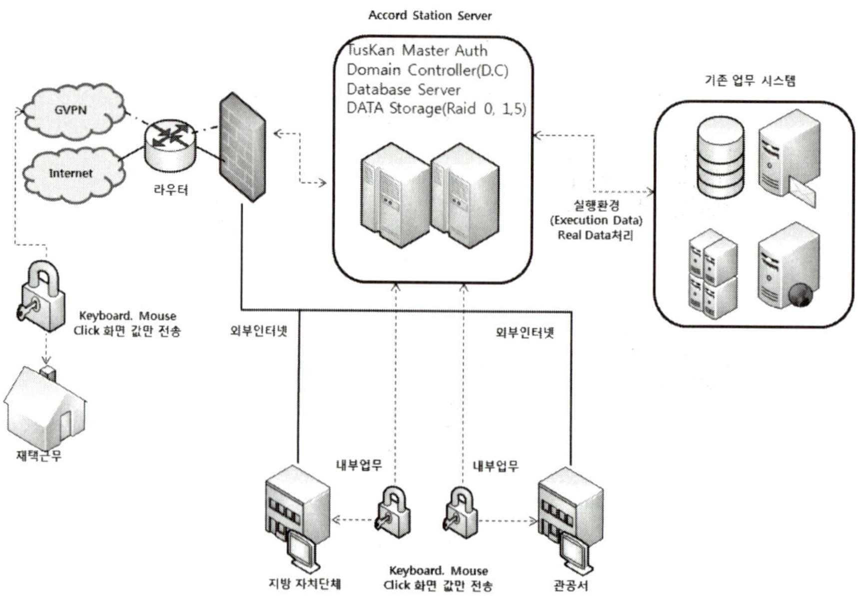


〈그림 8-12〉 클라우드 컴퓨팅 스마트오피스 업무시스템 구성도

## 8.5 스마트워크 해외사례

해외 선진국들은 벌써부터 앞 다퉈 스마트워크를 도입하고 있다. 미국은 1992년부터 워싱턴 인근에 14개의 스마트워크센터를 운영하고 있고 연내에 원격근무 가능자의 50%를 원격근무로 전환시키기로 했다. 네덜란드는 2007년 전체 사업체의 49%가 원격근무를 운영했고 스마트워크센터 99개를 공공과 민간이 공동 구축해 운영하였다. 특히 500인 이상 사업체의 경우 91%가 원격근무를 도입한 상태다.

일본은 2007년 원격근무자 비율을 취업인구의 20%로 확대하기로 하고 스마트워크센터를 개설해 시범 운영했다. 스마트워크 확대를 유도하기 위해 원격근무 환경정비세를 도입하는 등 민간에 대한 세제 지원도 아끼지 않고 있다. 국토교통성은 아자미노역 인근에 스마트워크센터를 개설, 지난 2008~2009년 실증실험을 수행했다. 정부는 세계 최고 수준의 통신망 등 우리나라가 가진 인프라를

〈그림 8-13〉 미국연방정부 원격근무 웹사이트

활용하면 세계적 스마트워크 선도국가로 부상 할 수 있으며 글로벌 시장 선점 가능성도 높은 것으로 보고 있다.

## 8.6 정부의 스마트워크 정책

### 8.6.1 그린 IT 정책

정부가 스마트워크 활성화에 집중하는 것은 이를 통해 저출산 · 고령화, 저탄소 녹색성장, 일자리 부족 등 국가적 현안을 해결할 수 있다는 판단에서다. 우선 재택근무나 원격근무 등의 스마트워크가 활성화되면 구직에 취약한 여성이나 노령층의 신규 취업 기회가 확대될 것으로 기대된다. 우리나라 여성의 취업률이 20대의 65%에서 30대 초반에 50%로 급격히 떨어지는 것은 일과 육아의 병행이 어려운 탓으로 우수 여성인력이 사장되는 결과를 빚고 있다.

〈그림 8-14〉 정부의 스마트워크센터 구성도(좌: 홈페이지, 우: 내부모습)

출퇴근시간이 감소하면 이산화탄소 배출량도 줄어들게 되므로 스마트워크는 녹색성장에도 기여할 수 있다. 우리나라는 고질적인 대도시 교통 혼잡으로 인한 사회적 비용이 연간 26조 원에 달한다. 1인당 노동시간 역시 경제협력 개발기구 평균보다 1.3배가량 길지만 업무생산성은 미국의 절반 수준이다. 정부는 스마트워크 활성화 전략이 계획대로 추진되면 수도권 근로자의 경우 원격근무 1 일당 약 90분의 출퇴근시간이 절감될 것으로 추정했다.1인당 사무공간은 41%, 전기소모량은 40%가 각각 감소하고 원격근무자 1인당 교통비는 연간 34만 원가량 줄어들 것으로 분석됐다. 사무직 860만 명이 참여한다면 연간 111만t의 이산화탄소 배출량 감소와 1조6천억 원의 교통비용 절감 효과가 발생한다는 설명이다. 여기에 더해 정부는 스마트워크가 고령자 · 장애인등 소외계층의 일자리를 창출하고 중소기업의 경쟁력을 배가하는 친 서민 정책이 되도록 다각적인 방안을 강구하고 있다.

## 8.6.2 정부 활성화 정책

대다수 기업은 물론 정부 조직 역시 세계 최고 수준의 IT 인프라를 갖추고 있음에도 불구하고 대면 중심의 조직문화와 관련 제도 미비 등으로 인해 우리나라는 선진국에 비해 스마트워크 도입이 매우 저조한 실정이다. 정부가 우선 대도시 외곽에 있는 구청과 주민 센터 등의 유휴 공간을 활용, 영상회의 등 첨단 원격 업무시스템을 갖춘 스마트워크센터 500곳을 2015년까지 구축하기로 했다.

정부는 민간의 스마트워크 도입 활성화를 위해서는 공직사회의 솔선수범이 필요하다는 판단 아래 공무원 복무관리 체계 및 조직과 인사제도를 획기적으로 바꾸고 기관별 추진 실적을 정부 업무 평가에 반영하기로 했다. 아울러 관련 부처와 협력해 대단지 아파트 건축 시 스마트워크센터를 주민 공동시설에 포함하고, 육아시설 지원과 교통유발부담금 감면 등 기업의 적극적인 참여를 유도하기 위한 인센티브도 제공하기로 하였다.

이와 함께 TV에 PC 또는 스마트폰 운영체제를 탑재해 다양한 애플리케이션을 대화면에서 구현하는 스마트TV를 활용한 원격 협업 환경조성에도 나선다. 정부는 중소기업의 스마트워크 도입 촉진을 위해 저렴하게 빌려 쓸 수 있는 서비스와 맞춤형 시범사업도 추진할 계획이다.

스마트폰 사례에서 알 수 있듯이 보안 문제가 스마트워크 확산에 걸림돌이 되지 않도록 스마트워크 서비스에 대한 인증제를 도입하고 정보 유출이나 해킹 등 외부의 침해를 예방하기 위해 정보 보호 대응체계도 고도화해 나갈 방침이다. 방송통신위원회는 이들 스마트워크 인프라 구축 작업에 2015년까지 2천 341억 원의 예산을 투입한다.

스마트워크는 아직 그 개념이 정확하게 정리되지 않았고 관련 전문가 역시 거의 전무하고 평론가 수준이다. 현재 각 분야 및 정부 부처에서 그린소프트웨어에 대해 적극적으로 연구하고 있어 몇 년 뒤에는 이론적인 정립과 함께 정책과 제도가 병행될 수 있을 정도로 발전할 것으로 예상된다. 향후 스마트오피스가 확대되고 확산되기 위한 첫 번째로 해결해야할 문제는 정부와 기업의 투자'예산'이다. 사례에서 보았듯이 10만 명의 원격근무자를 위한 인프라 및 관련 소프트웨어 구축비용이 약 1,000억 원 이상 비용이 소요되기 때문에 시급히 해결해야할 과제다. 또한 효과적인 재택근무를 위해서는 업무가 표준화되고 전산화되어야 하고, 업무 수행에 따른 평가 시스템도 정교하게 마련해야 하며, 국가의 중요사항에 대해서는 정해진 사무실 내에서만 열람이 가능하나 원격근무 시에도 열람에 문제가 없도록 법과 제도적 정비를 새롭게 구축해야 한다.

계속하여 보다 똑똑한 세상(Smart Planet)을 위해서 스마트워크는 진행된다. 이는 세상이 기능화(instrumented)되고, 연결(interconnected)되며, 지능화(intelligent)되는 것을 의미 한다. 그러므로 스마트워크는 강력한 컴퓨팅시스템을 통해 수많은 데이터를 분석하여, 인류의 모든 시스템을 보다 효율적으로 운영할 수 있도록 실질적인 의사결정과 활동에 변화를 가져 올 것이다. 보다 더 나은 내일을 위해 변화해야 할 시점이기에 보다 똑똑한 세상을 만들기 위한 노력이 있을 것이다. 지능적이고 똑똑한 시스템과 프로세스를 통해 똑똑한 세상으로 가는 스마트워크의 여정이 열리고 있다.

CHAPTER 09

# 유비쿼터스 사회학

# CHAPTER 09 유비쿼터스 사회학

정보기술이 발전함에 있어서 인간이 가지게 되는 편리함과 같은 여러 유익한 점과 함께 사회적, 문화적으로 생겨나는 문제점들을 알아본다. 즉, 정보화 사회를 보는 여러 가지 시각과 정보화 사회로 인한 생활패턴의 변화에 대해서 알아보고, 유비쿼터스 사회에 생겨나는 감시사회, 개인정보 침해, 신종 바이러스와 해킹의 확산에 대해서 자세히 알아본다. 또한, 마지막으로 u-Business 시대에 나타날 수 있는 문제점과 대안에 대해서 살펴본다.

역사적으로 보면 기술진보에 의한 노동력의 대체는 모든 사회에서 공통적으로 나타나는 현상이다. 하지만 특히 산업화 이후로 생산성 향상을 위해 더 많은 기계나 노동력을 구입하기보다는 노동을 기계로 대체하려는 경향이 존재해왔다.

1차 산업혁명이 증기기관의 발명과 함께 시작되어 증기를 생산하는 기계와 석탄의 사용을 발전시켰고 인간의 노동을 기계의 힘으로 대체했다면 2차 산업혁명은 1860년과 1차 대전 사이에 발생하였다. 이 시기를 거치면서 전력, 전기 등 새로운 에너지원의 도입으로 자동차가 생겨났으며 전등이 도시를 밝혔고 사람들 사이에 전신, 전화 통화가 가능해졌다. 3차 산업혁명은 2차 대전 이후의 일로서 생각하는 기계 즉, 수치 제어 로봇과 진보된 컴퓨터와 소프트웨어가 지능과 관련된 사고영역을 침범하기 시작한 시기를 말한다. 이것들이 비록 획기적인 기술적인 사건에 의해서 보이지만, 실제로는 사회의 요구와 함께 공진되어 왔었다.

보는 관점에 따라서는 이 과정을 5개의 파동으로 설명하기도 한다. 여기서 제1, 제2파동은 1차 산업혁명에, 제3파동은 2차 산업혁명에, 그리고 제4, 제5파동은 3차 산업혁명에 해당한다. 산업혁명을 몇 단계로 나누든, 농촌적 삶의 방식에서 산업 사회로의 변화가 새로운 사회적 여건을 제공해주었고, 사회의 필요에 의해 다시 기술이 발전해 왔으며, 그의 연장선상에서 맞닿은 시기가 현재이며, 여기 연장선상에서 다시 유비쿼터스에 대한 기술의 발전과 사회적인 요구에 의해 다시 공진화할 것이다.

## 9.1 정보기술의 사회문화적 차원

### 9.1.1 정보 사회를 보는 시각

현재까지만 놓고 보면 이러한 양극단의 견해 중 어느 한쪽도 일방적인 설득력을 얻었다고 말하기 어렵다. 한편에서 '대중'과 구별되는 '스마트 몹(Rheingold, 2003)'[1]과 같은, 새로운 집단행동이 나타났는가 하면 다른 한편에서 사회와의 소통을 거부하고 인터넷에 몰두하는 폐인이 나타나기도 했다. 또 전자 협업의 물리적 조건이 완성되었지만 이는 시간을 절약해주기보다는 더 많은 시간의 노동을 요구하는 족쇄가 되기도 했다.

풀어서 말한다면 일과 가정 사이의 낡은 경계가 사라진다는 말은 가정에서 보내는 절대적인 시간이 늘어난다는 이야기일 뿐이다. 그러나 이는 반대로 일과 가정 사이의 경계가 사라지면서 노동시간을 거의 무한대로 확장하는 결과를 가져와 가정의 일터화를 초래할 수도 있다. 노동시간의 유연성이 증대한다는 말은 고용주의 입장에서 보면 구매할 수 있는 단위 노동시간이 분절화 된다는 뜻이다.

새로운 전자적 공동체에 대해 언급하면서 품질이 우수하고 가격이 저렴한 통신 기술의 발달 덕택에 사람들이 장소에 구애받지 않고 관심의 공동체를 사회화하고 구축하는 방법을 창출할 것이라고 예상한 점은 다시 반대로 그 몰입의 정도에 있어서 온라인공동체와 오프라인공동체는 여전히 많은 차이를 보인다. 심지어는 온라인공동체에 몰입하는 사람들의 경우, 실제 생활에서는 고립되거나 소통을 거부하는 현상마저 관찰된다는 점을 찾을 수 있다.

지금까지 정보 사회를 둘러싸고 가장 많이 논의된 부분은 시공간 압축, 노동과 여가의 분리 극복, 수직적 위계에서 수평적 네트워크로의 전환, 정보 불평등, 프라이버시 침해 등이었다. 앞의 세 개가 정보사회를 그 이전의 사회와 구별 짓는 근본적인 특징에 속한다면 뒤의 두 개는 정보화로 인한 역기능에 관한 것이다. 다시 말해서 뒤의 두 개는 일종의 문화지체 현상이나 비동시성으로 이해 가능하다는 것이다. 정보 기술의 사회적 차원을 크게 공간의 축과 시간의 축으로 나누어 생각해볼

---

1) 스마트몹(Smart Mob) : 재치 있는, 똑똑한을 뜻하는 Smart와 군중을 뜻하는 Mob의 합성어이다. 기술 전문가인 미국의 H.라인골드가 2002년 10월 출간한 저서 《스마트몹》(Smart Mob)에서 처음 소개되었다. PDA, 휴대전화, 메신저, 인터넷, 이메일 등 첨단 정보통신 기술을 바탕으로 네트워크를 이뤄 정치 경제 사회 등의 여러 문제에 참여하는 삶들의 집단을 뜻한다. 최근 플래시 몹 등의 대중 참여 현상을 통해 나타나고 있다.

수 있다. 공간 영역은 다시 공적 공간과 사적 공간으로 나뉘며 시간의 축은 인간의 삶을 구성하는 노동시간과 재생산의 시간으로 나누어진다.

### 9.1.2 정보화로 인한 생활세계의 변화

#### 1) 공간의 확장과 축소

많은 사람들에게 20세기말의 발명품인 인터넷은 시공간을 단축해온 인류사의 종착점인 것처럼 보였다. 그러나 이런 진술을 승인하기 위해서는 몇 가지 단서가 필요하다.

먼저, 인터넷을 통해 시공간을 체험하기 위해서는 인위적인 개입이 있어야 한다. 즉, 컴퓨터를 켜고 인터넷에 접속해서 특정 목적을 실현할 수 있도록 실행명령을 내려야 하는 것이다. '실시간'은 인터넷 접속이라는 특정한 모드를 전제할 때만 구현될 뿐이다. 다음으로 시공간의 응축은 어디까지나 매개된 경험인 한에서만 그렇다는 점을 들 수 있다. 인터넷의 등장으로 인한 공간의 확장은 공간의 인식이나 공간에 대한 감각이 확장되었다는 것을 뜻한다. 반면에 공간의 축소는 바로 그런 공간 인식의 지평이 확장됨으로 인해 그것도 부분적으로만 상대적 거리가 가까워졌음을 의미할 따름이다. 마지막으로 정보사회에서는 누가 어디에 있는가 하는 공간적, 장소적 구속으로서의 절대적 위치는 무의미하거나 별반 중요하지 않고 대신 네트워크상에 있는가, 그렇지 않은가가 중요해진다. 결국 시공간 단축은 얼마나 빠른 네트워크상에 있느냐에 따라 상대적인 개념이 될 수밖에 없다.

#### 2) 시간의 다층화

근대적 시간은 공장이나 기업, 관청, 학교 같은 근대적 시스템이 제대로 기능하기 위해서 꼭 필요했던 출근, 업무 개시, 휴식, 마감 기한이나 계획 및 종료에 관한 공통의 계량화된 시간이기도 하다. 모든 근대인에게 시간엄수라는 규율을 심는 것을 의미한다. 현대 기계문명의 첫 번째 특징이 시계를 통해 조직되는 시간적 규칙성이라는 사실은 이제 분명해 보인다. 이런 시간관을 받아들이게 되면 시간은 자원으로 간주되며 따라서 낭비될 수도, 절약될 수도 있는 어떤 것으로 여겨진다. 이러한 근대적 시간은 노동시간과 여가시간의 분리를 가능케 했을 뿐 아니라 노동/생산의 장소로서의 일터와 재충전/소비의 장소로서의 집을 공간적, 기능적으로 분리하는 데도 성공했다.

하지만 디지털 시대의 시간은 불연속적인 시간이다. 그 가능성은 원형과 조금도 다를 바 없는 완벽한 복제를 가능하게 하는 기술이 등장하면서 처음의 원형을 만들기 위해 들였던 시간과 노력이 2번째부터는 거의 '0'에 수렴하게 된다는 사실에서 유래한다. 하나의 세상에서만 존재하는 것이 아니라 무수한 세상에서 동시에 존재하며 원본과 사본에 차이가 없는 텍스트와 이미지의 존재는 사회적 세계의 심상과 서사에 큰 영향을 미치고 있다. 또한 이렇게 만들어진 텍스트와 이미지를 순간적으로 지구의 반대편으로 전달할 수 있다는 사실은 기억의 저장과 축적, 그리고 영향력을 상당 부분 변화시켰다.

물론 디지털 시대의 시간 역시 이런 속성으로부터 완전히 자유로울 수는 없다. 하지만 근대성으로 인해 도입된 시간의 선형성(linearity)와 불가역성(irreversibility)이란 특징은 정보통신혁명으로 인해 즉각성과 다층성으로 대체된다. 한 걸음 더 나아가 IT 패러다임 하에서 생활세계 구성의 핵심적 원리의 하나로서 대두된 시간의 변형(transformation of time)은 노동시간보다는 실적을 우선시하는 능력주의의 패러다임이 빠른 속도로 확산되는 계기가 되고 있다. 커뮤니케이션 측면에서도 사회구성원 상호간의 소통 방식의 변화로 일상적 삶의 영역이 많이 바뀌기 시작했다. 한편 시간의 지연 없는 즉각적인 정보와 문화의 교환, 활성화된 상호작용의 네트워크는 현실생활의 관심과 현실자족의 감정을 촉진시키는 요인으로 작용했다.

### 3) 노동의 불안정성 증대

지역의 통신 인프라와 결합되어 있는 지구상의 어느 곳에서도 적절한 기술과 노동력의 재배치를 통한 협업이 가능해졌다. 지구상의 멀리 떨어진 지역에서 점점 더 많은 사람들이 같은 상품을 생산하고 분배하며 판매하는 협업 구조를 이루고 있다는 의미에서 노동과정의 지구화가 일어나고 있는 것이다. 하지만 이런 과정은 동료 노동자들이나 전문 기술자들과의 불안정한 관계뿐만 아니라 고용의 심각한 불안정성을 동반한다. 정보화로 인해 일부의 숙련과 전문성이 급격히 해체되고 새로운 숙련과 전문성이 나타나는 바, 이러한 급격한 재구조화에 따라 많은 인력이 새로운 숙련 및 전문성의 질서에 따라 재배치되고 또한 끊임없이 재교육되지 않을 수 없게 되었다. 대표적인 것으로 기술적 실업과 노동의 질의 급격한 저하를 들 수 있다.

#### 4) 여가의 유연화

로젝은 근대 여가의 주된 경향을 다음 네 가지로 분류하고 있다. 사사화(privatization), 개별화(individuation), 상업화(commercialization), 온순화(pacification)가 그것이다. 먼저 *사사화는* 가정이 여가경험의 주된 장소가 된다는 것을 의미한다. *개별화된 인격의 토대는* 가족이나 학교에서 시작되는 사회화과정을 통해 형성된다. 그 중에서도 출생신고, 세례명, 학적부, 학교성적표는 표준화된 정보검색체계 속에서 개인을 차별화하고 이들의 본질을 추출하는 장치로 작동하였다.

*상업화* 경향은 바로 이 개별화와 밀접한 관계를 맺고 있다. 여가산업은 개별화된 정체성의 나르시시즘을 북돋우고 강화한다. 특히 대중매체가 생산해내는 이미지들은 소비의 주체를 객체의 자리로 떨어뜨리는 기제가 되어왔다. 네 번째 경향인 *온순화는* 사람들이 갖고 있는 폭력적 본성을 대리만족을 통해 충족시키는 기제다. 극도의 강렬하고 열정적인 감정분출은 사회통제에 의해 유지되는 자체적 규제에 의해 누그러진다. IT의 도입은 이러한 근대 여가의 특징에 여가의 유연화라는 새로운 요소를 추가하였다. 개개인의 원자화/격자화가 점점 심각해지는 것이다.

지금까지 살펴본 바와 같이 정보화로 인한 생활세계의 변화는 헤아릴 수 없을 만큼 많지만 그 중에서도 시공간의 제약이 상당 부분 해소된다는 것은 간과할 수 없는 현상이다. 하지만 산업사회에 있어 시간과 공간이 계층에 따라 다른 의미를 가졌던 것처럼 정보사회에 있어서도 시간과 공간을 어떻게 전유하고 이용하느냐 하는 문제는 개개인이 가진 사회적 배경과 경험에 의해 결정된다. 유비쿼터스 컴퓨팅환경은 한편으로 이런 문제들을 더욱 첨예하게 드러낼 것이며 다른 한편으로 이런 문제의 해결을 위한 제도적 장치에 대한 사회적 요구를 수면위로 떠올게 할 것으로 보인다.

## 9.2 유비쿼터스 사회의 역기능

사회 전반에 걸쳐 많은 효용성을 가져다 줄 유비쿼터스 사회에서도 경우에 따라서 심각한 문제를 야기할 수 있는 부분들이 있다. 바로 감시, 보안, 해킹, 사생활 침해와 같은 정보의 보안과 관리 및 윤리성에 관한 문제이다. 정보화가 진전됨에 따라 나타났던 역기능들이 유비쿼터스 사회에서도 그대로 나타나고 있는 것이다. 아니, 도리어 모든 사물과 환경의 정보화로 인해 피해양상이나 규모는 더욱 심각할 것으로 보이고 있다.

〈그림 8-1〉 Enemy Of The State(1998)〈http://movie.daum.net〉

CCTV, RFID, 스마트카드 등 새로운 정보기술로 인한 감시기능 강화와 개인 정보의 침해 우려, 그리고 지금도 일어나고 있는 해킹이나 바이러스, 사이버 범죄, 사이버 윤리 등의 문제는 앞으로도 더욱 확대될 것으로 보여 많은 이들의 우려를 사고 있다.

### 9.2.1 감시사회의 도래

영화 "Enemy Of The State(1998)"를 본적이 있는가? *영화에서 주인공 인 딘(윌 스미스)은 어느 날 아내와 아이의 크리스마스 선물을 사던 중 한 가게에서 대학 동창과 우연히 마주친다. 곧, 그의 동창은 사고로 숨지고 어떤 이유인지 딘에게도 불행이 닥쳐온다. 직장에서는 해고를 당하고 신용카드는 정지되고 정체불명의 사람들에게 감시를 받는다. 딘이 이런 정체 불명의 사람들의 감시를 받는 이유는 갑작스런 죽음으로 세상을 떠들썩하게 했던 한 국회의원의 살해 장면이 찍힌 비디오테이프가 그의 수중에 들어왔기 때문이다. 우연히 살해 장면을 찍게 된 딘의 친구가 그 테이프를 딘의 쇼핑백에 몰래 집어넣었고 그로 인해 딘은 복잡한 사건에 휘말리게 된 것이다. 이 모든 사건의 주*

*범인 레이놀즈(존 보이트)는 자신의 음모를 은폐하기 위해 최첨단 카메라와 인공위성, 도청 장치 등을 이용해 딘을 잡으려 한다. 그러나 딘은 정체 모를 브릴(진 해크만)이라는 사나이의 도움으로 그들의 음모를 하나씩 밝혀가려 하는데...*(〈그림 8-1〉) 위성을 통해 개인의 일 거수 일 투족을 감시한다는 것이 과연 가능할까? 비록 위성을 이용하지는 않았지만, 이처럼 감시사회가 이미 우리 곁에 존재하고 있다.

전 세계 CCTV의 약 20%가 설치된 영국은 이미 '유비쿼터스 감시 사회'라는 평가를 받고 있으며, 911 테러 이후 급증한 뉴욕 시의 감시 기능 역시 심각한 문제라고 한다. 하지만 문제는 수동적이고, 지역적으로 한정된, 고작 CCTV 수준에서 머무르지 않을 것이라는 전망이다. 앞서 많은 효용성에 대해 늘어놓았던 RFID의 경우, 원격 및 통합 감시가 가능하며, 이동성도 갖추고 있어, 유비쿼터스 IT 기반의 감시 수단이 보다 더 심화되고 있다.

따라서 유비쿼터스 사회에 대한 불안감을 해소할 수 있는 적절한 제도와 확실한 기술적인 보완은 유비쿼터스 사회 진입으로의 필수 전제조건이라고 할 수 있다. 이를 위해, 현재 CCTV, 카메라 폰, RFID 등 개인 추적이 용이한 기술의 방지를 위해서 제도적인 정비를 추진 중에 있다고 하며, 성폭력 자들을 대상으로 '전자위치확인제도' 도입을 놓고 열띤 논쟁을 벌이는 등, 유비쿼터스 사회로의 진입을 위한 개인 정보의 이용 수위 조절을 위한 사회적 합의 과정도 진행되고 있는 것이다.

## 9.2.2 개인 정보 침해 확대

정보혁명의 시대를 지나 유비쿼터스 환경으로 접어들면서, 정보의 감시는 물론 개인의 정보 유출 및 사생활 침해의 방법이나 영역도 더욱 늘어날 것으로 보인다. 개인 사생활 정보의 유출은 이미 CCTV, 카메라 폰 등으로 인해 문제가 되고 있다. 대표적인 예로 연예인들의 사생활이, 이른바 폰카, 디카에 의해 무자비하게 노출되어 문제가 되고 있으며, 디지털 기기의 발달로 인해 앞으로도 이러한 문제들은 더욱 확대될 것이다.

앞으로 유비쿼터스 사회로의 발전은, 이러한 사생활 침해의 방법을 늘리고, 정도를 가중시킬 것으로 보인다. 원격 및 실시간 감시는 물론, 생체정보가 내장된 ID 카드의 도용, RFID, 스마트 카드[2),]

2) 스마트카드(smart card) : 일반적인 신용카드와 동일한 재질과 사이즈인 플라스틱 카드의 표면에 자체 연산 기능이 있는 8비트 또는 32비트 마이크로프로세서와 운영 체제, 그리고 안전한 저장영역으로서의 EEPROM(Electrically Erasable Programmable Read-Only Memory)이 내장되어 있는 집적회로 칩이 표면에 부착된 전자식 카드이다. IC

LBS 등으로, 언제 어디서나 편리하게 이용될 줄만 알았던 기술이, 도리어 언제 어디서나 개인정보를 유출시킬 수 있는 여지를 만드는 것이다.

이뿐만이 아니다. 개인정보의 유출로 인해 누구나 스팸메일, 모바일 스팸 등을 한 번 쯤은 받아보았을 것이다. 문제는 이처럼 개인이 자신의 정보를 의도적으로나 실수로 유출하지 않았음에도 불구하고 언제, 어디에서든 자신의 정보가 유출되고 있고, 또한 자신의 정보가 어디에서 어떤 경로로 유출 되었는지조차 알기 쉽지 않다는 점이다. 또한 스파이웨어, 사이버 스토킹과 같은 새로운 기술과 결합되어 더욱 다양한 사이버 범죄 현상이 일어나고 있으며, 신종 바이러스나 해킹이 국경을 초월한 통합된 망을 타고 전 세계적으로 일어날 수도 있어, 과거보다 피해나 파급효과가 더욱 막대할 것으로 예상된다.

### 9.2.3 신종바이러스와 해킹의 확산

전 세계적으로 피싱[3] 사기는 엄청난 속도로 증가한 것으로 조사되었다. 뿐만 아니라 명의 도용, 스파이웨어[4]등 인터넷 공간을 매개로 한 신종 사이버 범죄가 급증하고 있다. 더욱이 해킹이나 바이러스 간에도 조합과 융합 형태를 보이며 공격 형태나 대상, 파급효과도 광역화, 글로벌화 되어가고 있다.

디지털 컨버전스와 결합된 새로운 해킹수단도 증가하고 있다. [오빠 나 한가해요...]와 같은 모바일 스팸의 증가는 물론 해킹 경로 역시, 과거 유선인터넷에서 무선 및 모바일로, 이제는 유무선을 가리지 않고, 확산되고 있다. 최근에는 파밍[5], 클리핑[6]등, VoIP에 대한 해킹공격도 증가되고 있으

카드, 칩 카드, 마이크로프로세서 카드, CPU 카드라고도 한다. 그리고 공인인증서 용도로 쓸 수 있다. 단 해당되는 공인인증서 기관 내 1개만 저장하고 2개 저장은 불가능하다.

3) 피싱(Phishing) : 'fishing(낚시)'라는 말에서 파생된 것으로 타인의 개인정보를 낚는다는 의미 또는 그 정보를 이용해 사기를 친다는 의미이다.

4) 스파이웨어(spyware) : 사용자의 동의 없이 설치되어 컴퓨터의 정보를 수집하고 전송하는 악성코드로, 신용 카드와 같은 금융정보 및 주민등록번호와 같은 신상정보, 암호를 비롯한 각종 정보를 수집한다. 처음에는 미국의 인터넷 전문 광고 회사인 라디에이트가 시작하였으나 그 뒤로 아이디, 암호 등을 알아낼 수 있도록 나쁜 용도로 변형되었다.

5) 파밍(Pharming) : 새로운 피싱 기법 중 하나이다. 사용자가 자신의 웹 브라우저에서 정확한 웹 페이지 주소를 입력해도 가짜 웹 페이지에 접속하게 하여 개인정보를 훔치는 것을 말한다. 파밍 범죄자가 웹 브라우징의 속도를 향상시키기 위해 인터넷 서비스제공자가 지정한 인터넷 주소정보에 접근할 수 있는 권한이 있거나 ISP회사의 서

며, 전 세계 e-mail 트래픽의 약 70%는 스팸메일로 인한 것이라고 한다.

향후 IPTV와 같은 방송통신융합 등이 진전되고 오픈 인터페이스로 전환됨으로서 해킹이 홈 네트워크, 텔레매틱스 등 전 네트워크로 확산 될 수 있어, 오작동 및 보안사고 시 사생활 침해 및 경제적, 사회적 피해까지도 우려되고 있다.

결론적으로, 유비쿼터스 사회에서 나타날 수 있는 기존 문제의 심화 및 새로운 유형의 문제 발생 등에 대한 방안 마련이 절실하다. 감시 사회의 강화, 개인 정보 침해, 사이버 윤리 훼손, 사이버 범죄의 범람 등으로 대변되는, 이러한 위험 요인들에 대한 연구 강화와 법 제도 마련, 기술 개발 등을 적극 장려하여, 잠재적 위험요소 들에 대한 우려를 해소하고, 보다 더 적극적으로 유비쿼터스 사회의 구현을 앞당길 수 있는 노력이 필요하다.

---

버에 결점이 있는 소프트웨어가 존재하여 사기꾼이 해킹으로 이 인터넷 주소를 변경시킬 수 있다면 가능하다.

6) 클리핑(clipping) : 네트워크 광고를 로컬광고로 대체하는 방송국의 위법적 관행이다.

## 참고문헌

1. 유비쿼터스 사회와 기술/김행곤/그린출판사/2010
2. 컴퓨터 공학개론/김행곤/그린출판사/2008
3. 유비쿼터스 컴퓨팅과 u-비즈니스/황하진/2006
4. "U-헬스케어, 환자가 어디에 있든 그곳이 병원이다"/김은선, 김덕한/조선닷컴/2007
5. "USN 기술 동향"/이재현/정보통신연구진흥원, [IITA] 정보통신연구진흥원 학술정보
6. "RFID/USN 산업발전 비전과 전망"/박용민/한국통신학회, 한국통신학회지 제25권 제10호
7. "RFID/USN 정보보호위협과 대응방안"/주학수 외 6명/한국정보보호학회, 정보보호학회지
8. "RFID/USN 보안 기술 개발 동향"/정교일, 최두호, 강유성/한국전자파학회, 전자파기술
9. "미래 RFID/USN 기술 전망"/박석지/정보통신연구진흥원, [IITA] 정보통신연구진흥원 학술정보
10. "RFID/USN 서비스 시장 전망 및 적용 사례 분석"/임명환, 박용재 저/한국전자파학회, 전자파기술
11. "유비쿼터스 사회를 대비한 RFID/USN 정책방향"/김창곤/한국통신학회, 한국통신학회지 (정보와 통신) 제25권 제1호
12. "국내외 U-City 추진동향 및 활성화 방향"/산은분석/2007.11
13. "u-city 최신 여건 및 효율적 추진방향"/김형수, 구지희, 나준엽
14. "유비쿼터스 시대를 대비한 u-city 계획체계 정립방안"/김정훈, 조춘만/한국 GIS 협회
15. "U-City의 성공적인 개발모델과 시사점"/전영옥/삼성경제연구소/2006.6
16. "유비쿼터스 사회 새로운 희망과 도전"/한국전산원/김창곤
17. "유헬스(u-Health)의 경제적 효과와 성장전략"/강성욱, 이성호
18. "유비쿼터스 사회 새로운 희망과 도전"/김창곤/한국전산원

19. "RFID, USN 관련 뉴스 3가지/RFID/USN 비즈니스 카페/2008년 7월 16일

20. "정부, RFID · USN 지원 분야 선정"/RFID/USN 비즈니스 카페/2008년 7월 23일

21. "차세대 전자도시정부의 행정서비스기반 도입가능성 탐색에 관한 연구 - 유비쿼터스 정보기술을 중심으로'/김선경/서울 시립대 박사학위 논문/2003.

22. "유비쿼터스 IT혁명과 제3공간"/하원규/전자신문사/2005.09.21.

23. "유비쿼터스 컴퓨팅을 활용한 U-Goverment의 기본구도와 추진과제"/최남희/사이버커뮤니케이션학회/2003,춘계학술대회

24. "IT산업의 미래: 기술과 방향"/김재윤/삼성경제연구소/2003.

25. "e리포트: ITA, 기업 정보기술 통합. 전사적 관리"/디지털 타임즈/2004 .6월3일자.

26. "Broadband IT Korea건설을 위한 광대역통합망 구축 추진 계획안"/정보통신부 정보화기획실/2003.7.

27. "U-KOREA 2006 정비방향과 구축전략"/하원규/한국전자통신연구원/2003.

28. "유비쿼터스 네트워크 시대"/연승준/전자공학회지 제30권 제11호/2003.

29. "유비쿼더스 정보기술을 활용한 차세대 전자정부 서비스에 관한 연구"/김선경/서울시립대학교 정부연구소/2003.

30. "UIT 혁명 시대를 전망한 BcN의 발전방향과 조건"/하원규, 이미숙, 홍영교/Telecommunications Review 특집부록 통권 89호/2005.

31. "전자공간과 물리공간의 공간연계론적 접근시각에 따른 신국가정보화 방향정립 및 구성체계 : '초공간'구상과 'e-Korea'모델"/하원규/한국전자통신연구원/2001.

32. "유비쿼터스 IT혁명과 제3공간 : u-Korea 비전과 전략"/하원규, 김동환, 최남희/전자신문사/2003. 04. 23일자.

33. "유비쿼터스 IT 혁명과 제 3공간"/하원규, 김동환, 최남희/전자신문사/2002. 11.

34. "유비쿼터스 개념과 이머징 기술의 의미"/김완석/한국전 자통신연구원 세미나 발표자료/2002.

35. "'21세기 아젠다' u코리아 비전'(창간 20주년 미래기획)"/전자신문/유비쿼터스 국방/2002. 10. 25.

36. "'21세기 아젠다' u코리아 비전'(창간 20주년 미래기획)/전자신문/MIT 미디어랩의 차세대 프로젝트/2002. 7. 2.

37. "'21세기 아젠다' u코리아 비전'(창간 20주년 미래기획)/전자신문/세계 IT 기업의 유비쿼터스 전략/2002. 6. 25.

38. "유헬스(u-Helath)의 경제적 효과와 성정전략"/2007.7.25/삼성경제연구소

39. "게임산업의 3대 진화방향과 시사점"/2011.9.15/삼성경제연구소

40. "운영체제(OS) 주도권 경쟁의 확산과 시사점"/2011.11.2/삼성경제연구소

41. "유비쿼터스 헬스케어와 IT 접목"/Embedded World 2008/김경호

42. "u-City 통합운영센터에서의 정보보호 요구사항"/정보통신산업진흥원/장희선/2011.10.28

43. "U-컴퓨팅: 유비쿼터스 시대의 주역 홈네트워크"/박광로/Embedded World 74호/2009.

44. "로봇 개발자가 바라보는 임베디드 세상"/김도윤/Embedded World 91호/2010.

45. "임베디드시스템으로서의 지능형로봇, 로봇으로서의 임베디드시스템"/이상무/Embedded World 91호/2010.

46. "유비쿼터스 사회의 진원지 '홈네트워크'"/이상헌/Embedded World 43호/2006.

47. "유비쿼터스 홈 견인하는 디지털 컨버전스"/박광로/Embedded World 43호/2006.

48. "증강현실의 교육적 이해"/계보경, 김정현, 류지현/2001 KERIS 이슈리포트 연구자료 RM 2007-03/2007.

49. "모바일 IPTV 기술 현황 및 연구추진 방향"/임선화, 김영일, 조철회, 류원, 이호진/전자통신동향분석 제26권 제46호/2011.

50. "모바일 UI의 진화: Beyond Touch"/하일곤/LG Business Insight/2011.

51. "증강현실"/정석희/Semiconductor Insights/2010

52. "TV 對 모바일기기 스마트 경쟁"/이종근/LG Business Insight/2010.

53. "U.N.V.E.I.L. 베일 벗는 모바일 산업의 미래"/유미연/LG Business Insight/2011.

54. “스마트폰과 무선인터넷 활성화”/한국인터넷진흥원/Internet & Information Security 논문집, 제1권, 제1호/2010.

55. “게임 산업의 3대 진화 방향과 시사점”/허용석/삼성경제연구소 CEO Information, 제821호/2011.

56. “태블릿 PC의 충격과 미디어의 변화”/장성원/삼성경제연구소 CEO Information, 제778호/2010.

57. “스마트폰이 열어가는 미래”/권기덕/삼성경제연구소 CEO Information, 제741호/2010.

58. “유비쿼터스 네트워크 산업의 2020 비전과 전략”/유현선/산업연구원 정책자료 2007-47/2007.

59. “클라우드환경에서의 모바일 뱅킹 시스템”/이상걸/숭실대학교 정보보안학과 석사학위논문/2011.

60. “스마트환경에서의 모바일게임 트렌드 및 지원방향”/한국콘텐츠진흥원/한국콘텐츠진흥원 연구보고서 11-19/2011.

61. “스마트폰의 Wi-Fi 적용에 대한 시사점”/김민식, 정현준/정보통신정책연구원 제21권, 8호/2009.

62. “스마트 TV와 모바일 기기, 그 패러다임의 변화와 스마트 미디어의 발전”/송재연/www.digieco.co.kr, 2011.

63. “스마트 모바일 DMB 방통융합 서비스 동향”/윤정일, 배병준, 이수인, 송윤정, 허남호/전자통신동향분석, 제26권, 제4호/2011.

64. “모바일뱅킹 성장과 농협의 시사점”/김유성, 최성종/농협경제연구소 CEO Focus 271호/2011.

65. “모바일 기기를 이용한 학습 활용 방안의 연구”/박미경/인천대학교 컴퓨터교육학과 석사학위논문/2010.

66. “스마트 모바일 DMB 방통융합 서비스 동향"/윤정일, 배병준, 이순인, 송윤정, 허남호/전자통신동향분석, 제26권, 제4호/2011.

67. “고속도로 이용자의 하이패스 선택 영향요인 연구”/안중근/한양대학교 도시SOC투자 개발전공 석사학위논문/2011.

68. “U-LSBS: 정밀 위치 데이터를 통한 차량 충돌 사고 위치 확인 시스템”/문승진, 이용주/제어로봇시스템학회 논문지, 제15권, 제11호/2009.

69. “스마트폰과 위치기반서비스를 활용한 서비스산업 혁신전략”/이성호/삼성경제연구소 SERI 경영노트 제62호/2010.

70. “부상하는 위치기반서비스(LBS)"/이성호, 배영일, 최병삼, 권기덕/삼성경제연구소 CEO Information, 제615호/2007.

71. “u-City 통합운영센터에서의 정보보호 요구사항”/장희선/정보통신산업진흥원 주간기술동향/2011.

72. “국내외 U-City 구축동향 연재 - 우리나라 첨단 신도시”/양미숙/대한주택공사 HN Focus 제9권/2006.

73. "U-City의 성공적인 개발모델과 시사점“/전영옥/삼성경제연구소 Issue Paper/2006.

74. touchdr.tistory.com/category

75. blog.naver.com/inwonna

76. www.oxygen.lcs.mit.edu

77. www.atp.nist.gov/itao/pervasive.htm

78. http://www.soulfree.net/331

79. http://disability.seoul.go.kr/

80. http://r100.tistory.com/738

81. http://www.mediamob.co.kr/infoland/frmView.aspx?list=board&id=254893&page=9&cate=32510

82. http://blog.naver.com/PostView.nhn?blogId=arangch&logNo=120126865670&categoryNo=92&viewDate=&currentPage=1&listtype=0

83. http://vezzoso.springnote.com/pages/1246444.xhtml

84. http://www.rfidepc.or.kr/index.asp(무선인식(RFID) 산업 활성화 지원센터)

85. http://www.ndsl.kr/index.do(과학기술정보통합서비스 NDSL)

86. http://www.rfidkor.com/(RFID 코리아)

87. http://www.rfidepc.or.kr(RFID 산업활성화 지원센터)

88. http://www.rflink.co.kr/korea/rfid/frame1.htm(알에프링크)

89. http://www.jeiltec.co.kr/rfid/rfid.html(제일정보통신)

90. http://ko.wikipedia.org/wiki(지식백과사전)

91. http://dic.search.naver.com/(naver 지식백과사전)

92. http://dic.daum.net(daum 사전)

93. "셋탑 박스"/http://www.itfind.or.kr/강회일/2003

94. "미디어 테크놀로지의 진화 방향: 미디어와 콘텐츠의 네트워킹"/www.digieco.co.kr/성윤택/2010.

95. "모바일 플랫폼의 동향과 전망"/김재경/www.digieco.co.kr/2011.

96. "하이패스의 시장 기술 보고서"/중소기업진흥공단/http://www.BizFinder.go.kr/2009.

97. "DMB 수신 기기의 시장 기술 보고서"/중소기업진흥공단/http://www.BizFinder.go.kr, 2009.

98. "국내 u-City 추진현황 및 해결과제"/한국정보산업연합회 조사연구팀/www.fkii.or.kr, 2006.

## 찾아보기

N



O



P



Q



R



S



T

ㄷ



ㄹ



ㅁ



ㅂ



ㅅ



ㅇ

## 저자약력

**김행곤**

| 기 간 | 근무기관명 | 직위(급) |
|---|---|---|
| 1978년 5월 ~ 1979년 5월 | NASA (美 航空宇宙局) | 研究員 |
| 1979년 8월 ~ 1983년 3월 | 陸軍防空學校 | 教官 |
| 1988년 1월 ~ 1989년 1월 | Bell Lab. | 研究員 |
| 1987년 3월 ~ 1990년 2월 | 韓國電氣通信公社 | 專任研究員 |
| 1990년 3월 ~ 1992년 9월 | 曉星女子大學校 | 專任講師 |
| 1992년 10월 ~ 1996년 2월 | 大邱曉星가톨릭大學校 | 助教授 |
| 1996년 3월 ~ 2001년 2월 | 大邱曉星가톨릭大學校 | 副教授 |
| 2000년 12월 ~ 2002년 2월 | 美 센트럴 미시건 大學 교환 연구 교수 | 副教授 |
| 2001년 3월 ~ 2002년 8월 | 大邱가톨릭大學校 | 副教授 |
| 2002년 9월 ~ 2010년 현재 | 大邱가톨릭大學校 | 教授 |


**도서출판 그 린**

**유비쿼터스 융복합 삶**

초판 인쇄일 ▶ 2012년 8월 27일
초판 발행일 ▶ 2012년 8월 31일
저자 ▶ 김 행 곤 저
발행처 ▶ 도서출판 그린
발행인 ▶ 윤 덕 우
출판등록 ▶ 제8-161호(1995. 5. 3.)
주소 ▶ 서울시 서대문구 연희동 219-20 (우)120-828
전화 ▶ 02)333-2574, 2575
Fax ▶ 02)333-2561
E-mail ▶ greenpress@greenpress.co.kr
Homepage ▶ http://www.greenpress.co.kr

Green Pub.

정가 : **14,000원**

ISBN : 978-89-5727-182-7 (93560)